口絵 1 冬に訪れる優雅で気品のある鳥 ミヤマホオジロ
9 章203ページ参照

口絵 2 日本で最もかわいらしい鳥 エナガ
3 章74ページ参照

口絵 3 真っ赤な嘴と羽をもち、火の鳥とも呼ばれるアカショウビン
6 章140ページ参照

口絵 4 千年にわたり声と姿を取り違えられた青い鳥 ブッポウソウ
6 章146ページ参照

口絵 5 体の美しさを競う雄のキビタキ
6 章158ページ参照

口絵 6 桜の花の時期に渡来するコムクドリ
6 章152ページ参照

口絵７ 芸をする身近な人懐こい鳥　ヤマガラ
２章54ページ参照

口絵８ 身近な森の鳥　シジュウカラ
２章42ページ参照

口絵9 木の幹を歩き回る鳥　ゴジュウカラ
１章17ページ参照

口絵10 都市に進出したスマートな鳥　ヒヨドリ
４章100ページ参照

口絵11 海水を飲む山の鳥　アオバト
4章114ページ参照

口絵12 瑠璃色をした幸福の青い鳥　ルリビタキ
5章132ページ参照

口絵13 冬に訪れる果実食の鳥　キレンジャク
9章208ページ参照

口絵14 日本だけに棲むキツツキ　アオゲラ
1章28ページ参照

口絵15 最近日本で分布を広げる外来の鳥　ガビチョウ
10章216ページ参照

口絵16 日本を代表する色鮮やかな鳥　キジの雄
3章68ページ参照

野鳥の生活

―森に棲む鳥―

信州大学名誉教授

中村　浩志

遊行社

はじめに

私が鳥の研究を始めたのは、信州大学教育学部に入学してからです。戸隠探鳥会を主催する生態研究室に所属し、戸隠の自然とそこに棲む野鳥に出会い、感動したことがきっかけでした。以来、信州大学教育学部の学生の時から同大学を退官した後の現在まで、50年以上にわたり主に長野県を舞台に鳥の行動や生態を野外で研究してきました。これまでに研究した鳥は、カッコウの托卵、ブッポウソウ、アカショウビン、ライチョウの生態など、実に多くの種類になります。

本書は、中学・高校の生徒さんと先生を対象にしたＭＯＲＧＥＮ（モルゲン）という月間新聞に２０１８年4月から２０２１年3月にかけて3年間連載した計31の「森に棲む鳥」に関するエッセイをまとめたものです。連載では1種類ずつの鳥を取り上げ、それぞれの鳥の分布や形態的特徴、一般的な生態に加えて、我々の調査から明らかになったことを中心にまとめました。また、生態が似ているものや生息する森の環境の違い等により、31種について第1章から10章にまとめました。各章の初めには、関係する鳥のイラストを付け、簡単な説明文もつけています。

連載ではまた、取り上げたそれぞれの鳥についてカラー写真を2枚使用していました。その多くは、私が20代から60代にかけて調査した折に撮り溜めてきたものですが、中には今回の連載のために改めて撮り直した写真もあります。また、良い写真が手元になく、鳥好きな友人から借りた写真も使用しています。本書の本文中では、これらのカラー写真は白黒印刷となりましたが、ここで取り上げた代表的な鳥については、8ページにわたる口絵カラー写真をつけていますので、本文の内容と共に、鳥の姿の美しさや可愛いらしさを楽しんでいただけたらと思います。

野鳥は私たちに身近な存在です。見た目に美しく、愛らしい姿をしていて、繁殖の時期にはきれいな声でさえずります。私たちが普段の生活の中で、身の回りの自然に関心を持ち、鳥を見つけようと思えば、思いのほか多くの鳥と出会うことができます。それらの鳥は、私たちと一緒に生活しており、私たちと同様にそれぞれの生活を持ち、私たちの祖先とも長い間共存してきたのです。身近な鳥に関心を持ち、その生活に触れることは、私たちの日々の生活に潤いをもたらし、一層豊かなものにしてくれるでしょう。

本書を手にされた読者が、野鳥に感心を持ち、私たちの生活のあるべき姿に目を向けていただける方が増えてくれることを心から願っています。

もくじ

1章

木の幹で餌をとる鳥

木の幹を上下自在に歩くゴジュウカラ

森に棲む鳥の中には、木の幹を歩き回り、虫を捕えることに適応した鳥たちがいます。アカゲラ、アオゲラ、コゲラといったキツツキ類、さらにキバシリやゴジュウカラです。これらの鳥はいずれも鋭い爪をもっています。また、キツツキ類は硬い尾羽を持ち、体を支えることで、木の幹に垂直にとまることができます。キツツキ類は硬い嘴で枯れ木に穴をあけて中の虫を捕えますが、キバシリやゴジュウカラは、木の幹にとまっている虫や隠れている虫を捕えます。木の幹へのとまり方、幹の歩き方、餌の捕え方はそれぞれ違うので、野外でじっくり観察してみましょう。

春を告げる鳥　ゴジュウカラ

野鳥の宝庫　戸隠

長野駅から車で40分の所に戸隠高原があります。戸隠山の麓に広がるこの高原一帯は、かつては「天の岩戸伝説」の地として、また修験道の霊山として栄えた場所です。神がすむ地として一帯の自然が守られてきました。そのため、今も原生状態に近い森が残され、「野鳥の宝庫」として知られています。1933（昭和8）年に野鳥の声が日本で初めてNHKラジオで実況中継されたのもこの戸隠高原からです。

奥社参道一帯の「野鳥の森」には、60種ほどの鳥が繁殖しています。雪解け直後の5月の連休以後6月にかけては、全国から多くのバードウオッチャーが戸隠を訪れます。ここでは、長年にわたり「戸隠探鳥会」が実施されてきました。将来小・中学校の先生となる信州大学教育学部の学生さんに自然の素晴らしさを知っていただこうと、私の恩師羽田健三先生が始めた5月に戸隠に1泊して行う探鳥会で、今も続いています。羽田先生が30年間実施し、その後を私が33年間実施しました。私の退職後は、次の井田秀行先生に引き継がれ、今年（２０１８）で67周年を迎えます。

戸隠では、多くの種類の鳥の研究が実施されてきました。本書では、戸隠の森に棲む鳥を紹介してゆきたいと思います。最初に紹介するのは、戸隠に春の訪れを告げる鳥、ゴジュウカラ（五十雀）です。

春を告げる鳥　ゴジュウカラ

冬の間雪に閉ざされていた戸隠の森も3月に入り日差しが強まるとともに雪解けが始まります。まだ一面雪に覆われた戸隠の森で、フィー、フィー、フィーと甲高い声が響きわたります。高木の頂でさえずるゴジュウカラの声です。戸隠の春は、このゴジュウカラのさえずりから始まります。

スズメほどの大きさで、頭から背にかけての体の上面は青みがかった灰色、喉から胸、腹部は白、下腹部から尾羽の下は茶褐色の鳥です（口絵写真9、写真①）。雌雄同色で、外見からは雌雄の区別ができません。嘴の付け根から目、耳にかけて黒い線模様（過眼線）

があるのが特徴です。ゴジュウカラ科の鳥で、よく似たシジュウカラ（四十雀）、コガラなどシジュウカラ科の鳥とは別の科の鳥です。九州から北海道の落葉広葉樹の森に棲む鳥です。

木の幹を歩く

ゴジュウカラの特技は、木の幹を上下自在に歩き回ることです。よく発達した足と鋭い爪を使って、木の幹を上に向かって歩くだけでなく、頭を下にして幹を下方に降りることもできます。そのため、「木回り」とも呼ばれています。木の幹を歩き回り、幹の表面にいる昆虫を、細長い嘴でついばんで食べことに適応した鳥です。

4月に入るとつがいとなり、雪解けが終わる5月初めに、キツツキ類の使い終わった古巣、自然の樹洞、さらには巣箱を利用して繁殖します。

泥を使って巣の改修

この鳥のもう一つの特技は、泥を使って巣穴を改修することです。入口が大きすぎる場合には、周りに泥を塗り固めて入口を狭くし、自分が入るだけの大きさにします（写真②）。

また、巣箱に営巣した場合には、入口だけでなく、巣箱の隙間にも泥を塗って固めます。巣穴に捕食者が入れないようにし、また体の大きな鳥に巣を奪われないようにするためです。

写真① 木の幹を自在に歩き回る鳥　ゴジュウカラ

写真② アカゲラの古巣を泥で改修し、入り口を小さくした巣とゴジュウカラ

泥には、獣毛、カラマツの葉、コケなども混じっています。左官屋さんが、きざんだワラを入れて土壁を塗るのと同じです。泥や土が乾燥してもひび割れないようにし、強度を保つためなのでしょう。

雌雄が協力し子育て

巣の中の古い巣材等を捨

てきれいにした後、ミズナラ等の樹皮やスギの皮などで巣をつくり、巣が完成すると1日に1卵ずつ、6個から7個の卵を産みます。卵を温めるのは雌の仕事です。雌は自分でも餌を食べに外に出ますが、餌の多くは雄が卵を温めている雌に運んできます。卵は18日間ほどで孵化しますが、雛は丸裸のため、しばらくは雌が巣に留まり温め、雄が巣に餌を運んできます。雛に羽毛が生えそろうと、雌も外に餌を捕りに出かけるようになり、雌雄で巣に餌を運びます。雛は、孵化して20日間程で巣立ちます。雛が巣立つ6月下旬、森はすっかり夏の装いに変わっています。

秋には種子を貯蔵

森の植物の多くは、秋になると実や種子をつけます。ゴジュウカラは、春から夏、秋の昆虫が得られる時期は、木の幹を歩き回り昆虫を食べて生活していますが、秋になり種子が実ると、冬に備えて種子を集めて貯蔵する行動を活発に行います。その様子を、森の中に餌台を設置し、ブナの種子、ドングリ、トチの実、ピーナッツなどを餌台に置いて研究室の学生さんと一緒に調査したことがあります。

真っ先に餌台にやってきたのは、ゴジュウカラでした。ブナの種子やピーナッツ片をくわえ、木の割れ目や樹皮の隙間等に隠しては、また餌台を繰り返し訪れました。隠した餌が外から見えないように、コケや樹皮で隠すこともしていました。他の鳥に取られないようにするためです。

鳥の観察から見える森の仕組み

餌台に集まってきたのは、ゴジュウカラだけではありません。コガラ、ヒガラ、といったカラ類、コゲラ、アカゲラといったキツツキ類、さらにカケスも集まって来て、競い合うように餌台を訪れ、それぞれの場所に餌を運んでいきました。これらの鳥にとって、秋は冬に備えて食べ物を貯蔵する重要な時期です。鳥だけでなく、昼間はリス、夜にはヒメネズミやアカネズミもやってきました。

秋に収穫し、貯蔵するのは、人間だけではありません。森に棲む多くの動物も同様です。冬の厳しい戸隠の森では、秋に食べ物を貯蔵するものだけが冬も留まることができます。鳥や哺乳類により運ばれ貯蔵された実や種子のごく一部は、食べられず翌年に発芽することになります。植物は動物に厳しい冬の食物を提供し、植物は動物に種子分散の役割をしてもらっているのです。

木の幹を歩く鳥　キバシリ

木の幹を下から上に歩く地味な小鳥

前回は、戸隠の森に棲む鳥ゴジュウカラを紹介しましたが、戸隠には同様に木の幹を歩き回り昆虫類やクモ類を捕らえることに適応した鳥がもう一種類います。スズメより体が小さく、下側に湾曲した細長い嘴を持つ鳥、キバシリです（写真①）。この名の由来は、木の幹を走り回る「木走」の意味です。

キバシリ科に分類され、ヨーロッパからアジアの温帯から亜寒帯に広く分布しますが、多くの亜種に分かれています。日本のキバシリは、北海道のキタキバシリと本州、四国、九州のキバシリの2亜種に分類されています。オオシラビソやコメツガ等の亜高山帯の針葉樹林やブナ林、ハンノキ林等の落葉樹林の森に留鳥として生息しますが、繁殖は局地的で、数は少ない鳥です。本州では主に日本海側の多雪地の森に生息しています。

写真①嘴いっぱいにくわえた餌を巣に運ぶキバシリ。木の幹を歩くため、鋭い爪をもっている

雌雄同色で、体の上面と尾は褐色の地に白のまだら模様で、樹皮によく似た保護色をしていますが、下面の腹側は白です。尾は長めでキツツキ類のように硬く、木の幹に垂直にとまったときに体を支えます。

ゴジュウカラは、木の幹を上下自在に歩き回るのに対し、キバシリは木の幹に縦にとまり、下から上に歩きながら登って行きます。木の根元から尾羽と足を使ってらせん状に登ってゆき、上まで登りきると隣の木の根本に移り、ふたたび下から上に登ってゆくことを繰り返し、木の幹にいる昆虫類などをついばんで食べます。小さく地味な鳥で、声を出すこともほとんどないため、見つかりにくい忍者のような鳥です。太平洋側の地域ではほとんど見られないので、この鳥を見に戸隠を訪れるバードウオッチャーも多く、戸隠では人気の鳥の一つです。

最も早くから繁殖する鳥

キバシリは、戸隠の森では最も早くから繁殖を開始する鳥です。繁殖活動は、まだ1～2ｍの積雪があり、低木はすっかり雪の下に埋まっている3月から始まります。日によっては、まだマイナス10度にもなる時期です。冬も戸隠の森に留まる鳥は、キツツキ類やカラ類など少数の鳥に限られますが、これら留鳥のなかでもキバシリは最も早い時期から繁殖を始めます。冬の間暖かい地域に移動していた鳥や東南アジア等に渡って冬を過ごしていた夏鳥が戸隠に戻ってくる1か月ないし2か月前の時期から繁殖を開始する鳥です。

巣は、自然にできた木の裂け目や樹洞の中に、鳥の羽毛、ノウサギ等の獣毛、木の皮等を使ってお椀型につくられますが、キツツキの古巣を使うことや巣箱を利用し、その中で繁殖することもあります。いずれの場合も雨がしみ込まず、雪が吹き込まない場所に、ふんわりとした温かそうな巣をつくります。

雌雄が協力して子育て

キバシリの繁殖生態については、信州大学教育学部生態研究室の私の同僚であった故宮下光さんが卒論研究として調査しました。調査したのは、志賀高原の標高１７５０ｍにあるオオシラビソ、クロベ、コメツガ等の亜高山帯針葉樹林内でした。戸隠よりも標高が高い場所であるため、繁殖活動は戸隠よりも遅く、３月下旬から始まりました。産卵数は４～５個、雌は夜だけでなく日中の大半を巣の中で過ごし、卵を温めます。一方雄は、一日に25回ほど巣を訪れ、抱卵中の雌に餌を与えます。雄の声で巣から出た雌は、雛が餌をもらうときのように翼を震わせるしぐさで餌を受け取ります。餌をもらった後は、雌は長い時には10分間ほど雄と一緒に行動しますが、短い時には数十秒で巣に戻り、雄は再び餌を捕りに出かけます。

抱卵開始後14～15日で雛が孵化しますが、孵化したばかりの雛は丸裸で、雌親が引き続いて巣に留まり雛を温め、雄の運んで来た餌を雛に与えます。雛は、孵化から14～16日で巣立ちます。巣立ち近くになると雌も外に餌取りに出かけ、多い日には雌雄で一日に１００回から１２０回、餌を巣に運びます。

写真②　雛に餌を与えた後、飛び去ろうとする瞬間。下側に曲がった嘴が良く見えます。

写真②は、ブッポウソウの繁殖するブナ林内のミズナラの枯れ木につくられた巣で、雌雄が巣立ち近くの雛に盛んに餌を運んでいる行動を観察した時に撮影したものです。まだ残雪の残る寒い時期に、よくこれだけの餌を見つけ出し、巣に次々に運んでくるのができるのか、不思議に思えました。名前はキバシリですが、木の幹を走ることはありませんでした。

キバシリのように雌雄同色で、外見から見分けのつかない鳥では、雌雄が協力して子育てをするのが一般的です。まだ餌の昆虫などが少ない時期に繁殖するには、雌雄の協力が不可欠なのでしょう。

まだまだ謎の多い鳥

戸隠でキバシリが雛に盛んに餌を運んでいる時期は、ちょうど5月初めのゴールデンウイークの頃です。この頃は、多くの夏鳥が戸隠に戻ってくる時期にあたります。雛を育てているこの頃にはよく姿を見かけますが、夏の間はほとんど姿を見かけなくなります。秋から冬には、カラ類の群れに混じって行動することもありますが、多くは単独か2羽で行動します。

キバシリは、なぜこんなに早くから繁殖を開始するのでしょうか？木の幹にとまる昆虫は、林床の雪が解け終わった以後の方が多いように思うのですが。他の鳥と餌をめぐる競争をさけるためでしょうか。あるいは、ヘビなどの捕食者が活動を始める前に子育てを終える適応なのでしょうか。また、下側に曲がった嘴は、どんな意味を持つのでしょうか？同様に木の幹を歩いて餌を捕るゴジュウカラの嘴は、ほぼまっすぐなのに対し、下側に曲がっていることにどんな利点があるのでしょうか。キバシリは、まだまだ謎の多い鳥です。

日本列島で誕生した鳥　アオゲラ

日本だけに棲む鳥

紅葉が終わり木々が葉を落とした戸隠「野鳥の森」では、秋の終わりから冬にかけてキツツキの観察に適した時期を迎えます。アカゲラ、オオアカゲラ、アオゲラ、コゲラの4種類が生息しますが、いずれも冬にも森に留まっています。これらのキツツキの中で、最も人気があるのがアオゲラです。アカゲラやコゲラに比べ数は少なく、出会うチャンスは少ないのですが、鮮やかな緑色の姿が印象的な鳥です（口絵写真14、写真①・②）。ケラとはキツツキの総称ですが、緑色なのにアオゲラと呼ぶのは、緑を青、青を瑠璃と呼んでいた時代に付けられた名だからです。ときどき、キョッキョッと鳴くほか、飛んだ時にはケレケレケレと鳴くこともあります。また、繁殖期にはピョー、ピョーと鋭い声で鳴きます。体長29㎝、体重が120～130gで、比較的大型のキツツキです。キツツキ類は、鋭い

写真①　緑色の鮮やかな姿をしたアオゲラの雄。雄は額から後頭部が赤く、雌は後頭部のみが赤いので区別できます

嘴で枯れ木に穴を開け中にいる虫を捕らえて食べることに適応したため、他の多くの鳥のように繁殖期にきれいな声でさえずることをせず、枯れ木を嘴で叩くドラミングでなわばりの主張と雌への求愛をします。

アオゲラは、北海道と沖縄を除く、本州、四国、九州、さらにその南の種子島と屋久島に生息し、日本にしかいないキツツキです。幕末に日本に滞在し、日本の鳥をカラー絵で世界に紹介したシーボルトは、〝Fauna Japonica Aver 1844-1850〟（図版収録　シーボルト日本鳥類図譜 1984）の中で日本を代表する鳥の一つとして、この色鮮やかな鳥を描いています。森に棲み、木の幹や枝で昆虫を食べますが、地上におりてアリも好んで食べ、秋にはマユミやナナカマドの実も食べます。冬には里や市街地にも出てきて、柿の実などを食べることもあります。

ブラキストン線の根拠の一つとなった鳥

北海道には、アオゲラとよく似た鳥が棲んでいます。同じ属の近縁種、ヤマゲラです。体全体が緑色ですが、アオゲラにある腹部のV字型の斑紋（写真②）がなく、嘴の付け根から目の下にヒゲのように伸びる顎線が黒で、アオゲラにある赤色を持っていません。また、ヤマゲラは、雄の額の部分は赤ですが、雌は頭には赤色がありません。そのため、アオゲラに比べると色鮮やかさはやや劣っています。

アオゲラが日本にしか生息しないのに対し、ヤマゲラの方は、北海道から樺太、中国北部からインド北部、朝鮮半島、台湾、インドシナ半島、スマトラ島まで日本を取り巻くように分布しており、さらに中国からヨーロッパにかけてと広い地域に分布します。

幕末から明治期に日本に滞在したT・ブラキストンは、津軽海峡を境にして、本州と北海道では生息する鳥や哺乳類が違うことに注目し、北海道以北のシベリア亜区とその南とを分けるブラキストン線を提唱しました。その根拠とされた鳥は、本州に生息し、北海

写真② 木にとまるアオゲラの雄。キツツキの仲間は、木の幹に縦にとまり、硬い尾羽で体を支えます

道には生息しないアオゲラ、エナガ、キジ、ヤマドリなど、逆に北海道に生息し、本州にはいないヤマゲラ、シマエナガ、シマフクロウなどでした。本州と北海道は、津軽海峡で長い間隔てられていたので、飛ぶことのあまり得意でないこれらの鳥は、移動できなかったのでしょう。

日本列島で誕生したアオゲラ

もう一つ日本列島には、屋久島と奄美大島の間にあるトカラ海峡を境に、旧北区と東洋区を分ける渡瀬線（わたせせん）があります。この線の南にしか生息しない鳥は、アカヒゲ、ノグチゲラ、ヤンバルクイナなどです。日本列島は、この二つの線を境にそれぞれ北からの鳥の移動、南からの鳥の移動の障害になっていたと考えられます。

ところで、日本にしか生息しないアオゲラは、まさにこの2つの線に囲まれた間（本州、四国、九州、その南の屋久島）に現在分布しています。このことは、何を意味するのでしょうか？

新しい種が誕生するには、元の集団から地理的に長い間隔離されることが必要です。アオゲラの祖先となった種は、ヨーロッパから東アジアに広く分布するヤマゲラと考えられます。そのヤマゲラが分布を拡大する過程で、日本列島のブラキストン線または渡瀬線を越えて日本列島に入ってきた集団があり、それ以後は新たな集団の移入がなかったため、長い年月をかけ、ヤマゲラから別種のアオゲラが進化したと考えられます。

アオゲラとよく似た分布をする鳥は、日本の国鳥となっているキジです。キジも同様な理由から大陸の祖先種が日本列島に隔離され、日本で誕生した鳥と考えられます。

種分化の謎

しかし、このアオゲラ誕生の考えは本当なのでしょうか？　それを確かめるには、日本とその周辺に生息する各地のアオゲラとヤマゲラについて、形態や羽の色や模様、さらには遺伝子の違いを解析する必要があります。それによって、日本のアオゲラの祖先は北から入ってきたのか、南から入ってきたのか、さらにはいつごろから大陸のヤマゲラと別れたのかといった問題を明らかにすることができるでしょう。次に不思議なのは、アカゲラがヤマゲラにない目の下の赤い顎線と後頭部の赤い色をなぜ獲得したのかという問題があります。これには、偶然の産物で意味のないものであるという考えと、意味を持った適応的なものという考え方があります。アオゲラの場合は、どちらなのでしょうか？ この問題は、鳥の羽の色や模様の違いはどこまで適応的で意味があるかという一般的な問題でもあります。

アオゲラだけでなく、すべての生き物は、誕生から現在までの長い進化の歴史を持っています。我々が見ているのは、その長い進化の最先端のみですが、注意深く分析することで、過去の進化の歴史、さらには将来の変化をも予測できると私は考えています。

このような視点から日本に生息する鳥の行動、色や模様などを見た時、鳥の観察は一層楽しく興味深いものになるでしょう。今回掲載した2枚のアオゲラの写真は、冬の戸隠の森で撮影したものです。

日本最小のキツツキ　コゲラ

スズメより小さなコゲラ

樹木は生きている間には虫がつきにくいのですが、枯れると虫がつきやすくなります。枯れた木に穴をあけ、中にいる昆虫の幼虫やアリを捕らえて食べることに適応した鳥がキツツキ類です。そのために細長く、硬く鋭い嘴を持っています。また、長い舌を持ち、虫のあけた小さな穴に差し込み捕らえます。

世界には380種ほどのキツツキがいて、そのうち12種が日本に生息します。日本で一番小さなキツツキがコゲラです。体長はわずか15㎝ほど、体重は20ｇほどしかありません。スズメより小さなキツツキです（写真①）。木の幹にじっととまっていたら、見分けがつかないほど地味な保護色をした鳥です（写真②）。時々「ギー、ギー」とドアがきしむような声をだしますので、その声でこの鳥に気づくこともよくあります。北海道から沖縄まで日本中

写真①　体は小さいが、木の幹にとまる姿はキツツキそのもの

写真②　警戒し、動きを止めるとほとんど目立たない

に広く分布し、ちょっとした林がある場所でしたら最近は市街地でも見ることがあります。

　長野駅から車で40分ほどの戸隠の森にも、コゲラは周年生息しています。他には、アカゲラ、オオアカゲラ、アオゲラの3種類のキッツキも生息しますが、いずれも留鳥です。多くの鳥は冬には戸隠の森からいなくなるのですが、これら4種類のキッツキは、枯れ木をつついて虫を捕らえて食べることができるので、冬にも戸隠の森に留まれるのです。ただし、一年中枯れ木ばかりをつついて虫を捕らえているのではありません。秋から冬にはヤマウルシなどの実も食べ、さらに春から夏の時期には、木の幹や枝につく虫、地上のアリなども捕らえて食べます。でも、やはり主食は枯れ木の虫です。

枯れ木を叩きなわばり宣言と雌への求愛

　3月に入るとまだ一面の雪に覆われた戸隠の森で、アカゲラやアオゲラのドラミングが聞かれます。キッツキ類の雄は、枯れ木を嘴で叩いて大きな音を出し、なわばり宣言と雌への求愛をします。体の小さいコガラのドラミング音は、小さくかわいらしいのですが、オオアカゲラやアオゲラなど大型のキッツキでは大きく、遠くまでよく響きます。この森に棲む多くの鳥は、繁殖時期にはきれいな声でさえずってなわばり宣言と雌への求愛をするのですが、キツツキの仲間は、枯れ木に穴をあけることにあまりにも特殊化したため、きれいな声のさえずりをも進化させる余裕はなかったのでしょう。

ところで、ドラミングをするのは雄のみです。雌はしません。同じように、繁殖期にさえずるのは雄で、雌はさえずりません。それは、雌が雄を選び、雄は雌から選ばれるという関係にあるからです。雄は、雌を得るためにドラミングやさえずりをしてなわばりを確立し、またそうすることで雌をひきつけ、つがいになろうとしているのです。

大きさの異なる4種類のキツツキ

戸隠に棲む4種類のキツツキは、体の大きさがそれぞれ違っています。最も小さいコゲラは体長が15㎝に対し、アカゲラは23㎝、オオアカゲラは28㎝、アオゲラは29㎝です。体の小さいコゲラは、細い枯れ枝や枯れ木で餌を捕るのに対し、体の大きなキツツキほど太い幹で餌を捕る傾向があります。体の大きさが異なることで、お互いに餌をめぐる競争を避け合い、そのことが同じ森に棲むことを可能にしているのです。

体の大きさが異なることは、巣穴をめぐる競合を避けるのにも役立っています。キツツキの仲間は、枯れ木に自分の体の大きさに合った丸い入口の巣を掘って繁殖します。コゲラの巣の入り口の直径は3.5cmしかありませんが、オオアカゲラでは6.8cmほどです。森の中で巣穴を掘るのに適した枯れ木は、多くありません。ですので、互いに太さの異なる枯れ木に巣を造ることは、営巣に適した巣場所をめぐる競合を避けることになります。

キツツキ類が繁殖に使った巣穴は、翌年には利用されず、毎年新たに造られます。使われなくなった巣穴は、翌年から様々な鳥が再利用するのです。コゲラの小さな巣穴は、カラ類のヒガラやシジュウカラなど、アオゲラの大きな巣穴は体の大きいニュウナイスズメやコムクドリなどが利用します。キツツキ類の鳥は、巣穴を自分では掘れない森に棲む鳥への巣穴提供者の役割をしているのです。ですので、何種類のキツツキが棲んでいるかは、その森の豊かさを示す端的な指標となります。森の豊かさを一本の枝に例えると、長い枝であったら指でいくつもの長さに割ることができます。ですが、短い枝では、そう多くに割ることはできないのと同じなのです。

日本で最大のキツツキは、現在東北から北海道に棲むクマゲラです。体長は50cmほどもあり、体重は300gほどもあります。かつて、日本の森が今日より豊かであった時代には、戸隠の森にも現在の4種類に加え、広大な行動圏をもつクマゲラも棲んでいたのかもしれません。

生態的地位と棲み分けの原理

地球上に棲むすべての種類の生き物は、いずれも限られた地域に棲み、それぞれ異なる生活を営んでいます。そのことから、すべての生き物は1種類ごとに異なる生態的地位（ニッチェ）を占めていると考えられています。この生態的地位とは、人間の社会に例えたら職業にあたるものです。動物ではどこに棲み、何を餌としているかによって種類ごとの生態的地位を捉えることができますが、その地位とは、いずれも長い進化の過程で互いの競合を避けるために確立されてきたものです。

別の見方をしたら、種類ごとに異なる生態的地位を持つことで、生き物は競合を避け、互いに棲み分けを確立してきています。その棲み分けの在り方は、餌の内容を異にする、住む場所を異にするから始まり、今回のキツツキ類のように体の大きさを異にする等、実に多様です。

鳥の観察を通して、それぞれの鳥がたどって来た進化の歴史やその産物である生態的地位や近縁種同士の棲み分けにまで思いをはせることができたら、バードウォッチングは今以上に楽しく、魅惑的なものになることでしょう。鳥は、見た目の姿や声が美しいことに留まらず、自然の仕組みを理解する入口としてふさわしい生き物といえるでしょう。

2章

カラ類と呼ばれる小鳥

本州に棲む代表的なカラ類の鳥

森に棲む小鳥の代表は、シジュウカラ科のヒガラ、コガラ、ヤマガラ、シジュウカラに、ゴジュウカラとエナガを加えた小鳥たちで、カラ類と呼んでいます。いずれも春から夏はつがいで繁殖しますが、秋から冬には異なる種の小鳥が集まった混群をつくります。体重は、約7gのヒガラから約20gのゴジュウカラまでの小鳥たちで、姿、形が比較的良く似ています。体の小さな鳥同志が集まって一緒に生活し、天敵の接近を知らせあったりしているのです。よく見ると、種類によりとまる場所や餌の捕り方などが違っています。声と姿でカラ類を識別できるようになったら、バードウオッチングもようやく一人前です。

産卵数の意味が解明された鳥　シジュウカラ

身近な森の鳥　シジュウカラ

シジュウカラは、林が少しでもある場所なら日本中どこでも見られる鳥です。平地から山地にかけての常緑広葉樹林や落葉広葉樹林、さらに亜高山帯針葉樹林にと様々な林に棲んでいる他、市街地や公園などでも見られます。スズメよりやや小さく、喉から胸、腹にかけての黒い帯のネクタイと白い頬が特徴です（口絵写真8、写真①）。また、背の黄緑色もこの鳥の識別ポイントになります（写真②）。

3月に入る頃から雄は、「ツツピー、ツツピー」と大きな声でさえずりを始めます。一夫一妻の鳥で、巣は樹洞につくられます。4月に入る頃に卵を産みますが、卵を温めるのは雌で、雄は抱卵している雌に餌を運んできます。孵化した雛は雌雄が協力して育てます。人里や市街地で繁殖するつがいは、建物や石垣の隙間等にも営巣します。巣箱でも繁殖しますので、鳥の子育てを観察するのに適した身近な鳥です。
シジュウカラは、日本や朝鮮半島を含む東アジアと東南アジア、さらにヨーロッパ、ア

写真① 喉から胸、腹にかけての黒い帯のネクタイが特徴のシジュウカラ

写真② 背の黄緑色もシジュウカラを見分ける識別点。イギリスのシジュウカラは体がやや大きく、胸と腹が薄黄緑色

フリカ北部にかけて広く分布する鳥とされていました。しかし、最近の研究から日本を含む東アジアに分布するシジュウカラ、ヨーロッパに分布するヨーロッパシジュウカラなど計5種に分けられ、この鳥の分類は大きく変わりました。

世界で最も研究されている鳥

最近まで日本のシジュウカラと同じ種とされていたヨーロッパシジュウカラは、世界で最も詳しく研究がされてきている鳥です。イギリスのロンドン郊外にあるワイタムの森では、1950年代以来70年近くにわたりこの鳥の研究が続けられてきました。巣箱をかけると、ほとんどの個体が巣箱で繁殖することから、産んだ卵の数、孵化した雛の数、巣立った雛の数が調査されてきました。また、雛には巣立ち前に足輪が付けられ、その後の生存も追跡調査されました。さらに、外からこの森に入ってきた個体はカスミ網で捕獲し、足輪をつけることで、この森で繁殖するすべての個体についての戸籍づくりが行われてきました。

産む卵の数の意味が解明される

このワイタムの森での長年にわたる研究から解明されたことの一つは、この鳥が産む卵の数の意味です。この森に棲むシジュウカラは、少ない個体で5卵、多い個体では12卵を産みますが、多くの個体は8ないし9卵を産みます。鳥の種類により産む卵の数（一腹卵数）は違っています。カルガモなどのカモ類は10~15卵を産むのに対し、キジバトでは2卵です。では、シジュウカラは、なぜ多くの個体が8ないし9卵を産むのでしょうか？

この疑問に答えるため、ワイタムの森で得られた長年のシジュウカラの資料分析がなされ、また他の巣の雛を加えたり、逆に取り除く実験が行われました。

その分析と実験から得られた結論は、シジュウカラの一腹卵数は「育て得る最大数」になっていることです。自分の能力以上に雛を育てようとする親は、雛に十分な餌を与えることができず、また自分の寿命を短くしてしまい、かえって少ない数の雛しか育てられないことがわかりました。さらに、若い時には少ない卵を産み、餌の多い年には多くの卵を産むことで、平均すると8卵ないし9卵産んだ場合に、最も多くの雛（子孫）を一生の間に残すことができたのです。

生物学の大論争に決着

このシジュウカラの研究から得られた結論は、当時の生物学の大論争に決着をつけることになりました。同じイギリスの研究者V.C. Wynne-Edwardsは、「動物の集団は、食物資源を食べつくして絶滅することがないように、餌の消費を調節できるように進化してきたはずだ」と考え、一回に産む子供の数を減らすとか、何年か間をおいて子供をつくるとか、繁殖を始める時期を遅らせるなどして繁殖を制限し、集団の過密化を防ぐ仕組みを確立してきていると主張しました。この考えは、集団の利益になるように産む卵や子供の数は進化してきたという考えで、人間社会にはよくあてはまるように思えます。しかし、この考えは動物にもあてはまるのでしょうか？　動物も同様という考えと、動物では違うという考えの大論争に発展しました。

シジュウカラの一腹卵数の研究からの結論は、集団の利益になるようにこの鳥は繁殖を制限しているのではなく、個体の利益を最大にする数になっているというものでした。この点については、他の鳥についても調査され、鳥の一腹卵数はいずれの鳥でも「育て得る最大数」となっており、利己的な個体の利益を最大にするものであることが明らかにされました。さらに鳥だけでなく、動物の産む卵や子供の数は、自分の遺伝子（子孫）を最大限多く残す利己的な個体の利益を最大にする数であることが理解されました。キジバトが2卵を産むのは2卵産んだ場合に最も多くの子孫を残し、ノウサギが平均で6～8頭産むのは6～8頭産んだ場合に最も多くの子孫を残せるからです。

これによって、Wynne-Edwardsの「集団の利益」になるように動物の行動は進化したという考えは否定されたのです。人間の場合には、法律によって集団の利益となるよう行動し、それに反する場合には罰せられますが、動物には人間の法律にあたるものはないのです。この論争を通して、動物は自分の子孫（遺伝子）を最大限多く残せるよう常に利己的に行動するという今日の生物学の基本的な考えが確立されたのです。

基礎研究の重要性

ワイタムの森でのシジュウカラの研究が我々に教えてくれるもう一つのことは、基礎研究がいかに重要であるかということです。シジュウカラの研究は、身近な鳥を長年にわたり地道に研究することで、新たな生物学の視点を確立し、動物と人間の行動の違いをも明らかにしました。日本では、このような地道な研究はどこまで可能なのでしょうか。日本の大学が独立法人化されて以後、結果の見通しが最初から予測されるような研究が増々多くなり、独創性のあるユニークな研究が一層しにくくなっているように思えてなりません。

朽ち木に巣穴を掘る　コガラ

冬には他の小鳥と群れて生活

紅葉が終わり、葉がすっかり落ちて明るくなった11月の戸隠の森を歩くと、小鳥たちの群れによく出会います。シジュウカラ、コガラ、ヒガラといったシジュウカラ科の小鳥にコゲラ、ゴジュウカラといった小鳥も加わり一緒に行動する混群と呼ばれる群れです。この群れの中にコガラがいるかどうかは、鳴き声を聞くとすぐにわかります。ツツ、ジェー、ジェーという濁った声でたえず鳴きかわしているからです。

コガラは、目の上の頭の部分全体が黒く、ベレー帽をかぶったような姿をした白と黒の小鳥です（写真①）。体長はわずか13㎝ほど、重さは10～11gで、同じ仲間のシジュウカラとヒガラの中間の大きさで、雌雄同色です。木の枝を枝移りしたり、木の幹を歩いたり、時には枝先にぶら下がって餌を探し回っています。

写真① 秋に木の実を嘴にくわえて運び、冬に備えて貯蔵をするコガラ

沖縄を除く日本全国の森に周年生息し、雪の多い本州中部以北では、冬には平地の森でも見られます。冬に餌台を置くと、ヒマワリの種、アサの実などを食べによく集まってきます。他のカラ類にくらべ、標高のより高い地域の森で繁殖しています。

冬が厳しい戸隠高原では、冬の間コガラはほとんど見られなくなりますが、雪解けが始まった4月には戻ってきて、まだ一面に残雪が残る森で雄がさえずりを始めます。ヒーツーキー、ヒーツーキー、ヒーツーキーという澄んだ声が、張り詰めた寒気の中に響きます。ゴジュウカラなどと共に、戸隠に春を告げる鳥で、繁殖時期の到来を知らせてくれます。

4月に入るとコガラの雄は、盛んにさえずり他の雄を追い払って、直径300mほどのなわばりを森の中に確立します。なわばりを確立した後、雌を得ると雄のさえずりは減少し、雌雄が一緒に行動する時間が増えて、繁殖活動が開始されます。

自分で巣穴を掘る

コガラは、ジジュウカラ、ヒガラ、ヤマガラなど他のカラ類とは違って、自分で巣穴を掘るという特異な習性をもっています。巣穴堀は、4月下旬ころから始まり、シラカバ、ハンノキなどの朽ちた木の幹に、つがいの雌雄が交代で掘ります（写真②）。最初は、直径3㎝ほどの丸い穴をあけ、8㎝ほど横に掘り、その後は下に20㎝ほど掘って巣穴を完成します。天気の良いポカポカと暖かい日には、雌雄でせっせと巣穴堀に励みますが、天気の悪い雨や雪の日には、数日間中断することもありました。そのため、巣穴の完成までには約1ヶ月間かかりました。巣穴が完成すると、雌は樹皮や苔などを運び込んで、巣の内装を整える作業に入ります。巣が完成すると、雌は毎日1卵ずつ5～8個ほどの卵を産みます。卵を温めるのは雌で、雄は抱卵している雌に虫などの餌を運んできます。卵は2週間ほどで孵化し、雛は孵化から18日間ほどで巣立ちます。

写真②　5月の戸隠でシラカバの朽ちた木に巣穴を掘り始めたコガラ

コガラは、キツツキ類のように頑丈で大きな嘴を持っていません。ですので、巣穴堀はコガラにとって大変な労力を必要とし、雌雄の協力が不可欠です。しかし、せっかく巣穴を完成しても、体の大きなニュウナイスズメやコゲラに巣穴を奪われてしまうことも時々ありました。また、強風で巣穴の部分から枯れ木が折れてしまい、卵や雛が巣ごと風に吹き飛ばされてしまうこともありました。

なぜ、カラ類の小鳥の中では、コガラだけが自分で巣穴を掘る行動を進化させたのでしょうか？　その背景には、自分の体の大きさに合った巣穴は、森の中ではなかなか得にくいということがあるのでしょう。大きすぎる巣穴は、天敵に巣穴に入られてしまう危険性があります。コガラは、秋から冬の時期には、ヤマウルシやイチイなどの硬い実を嘴で割って食べるので、ほかのカラ類よりもより嘴が鋭く、丈夫なのかもしれません。そのため、他のカラ類との競合を避けるため、コガラは自分で巣穴を掘る行動が進化したとも考えられます。

秋には木の実や種子を貯蔵

コガラは、春から夏の繁殖時期には、主に昆虫を食べているのですが、秋になると木の実や種子もよく食べるようになり、冬に備えて貯蔵もします。その様子を以前紹介したカケスを調査した長野県菅平高原にある筑波大学の実験センターで、学生と一緒に調査したことがあります。

秋の9月から10月に園内に餌台を設置し、ブナの実、ヒマワリの種、砕いたピーナッツを置くと、森に棲む多くの小鳥が餌台に集まってきました。集まった小鳥は、餌台から木の実や種子を運び、盛んに貯蔵を始めました。中でもコガラは、頻繁に餌台を訪れ、盛んに貯蔵を行いました。貯蔵している場所は、木のめくれた樹皮の間や割れ目の間などです。

繁殖を終えるとそれまでのなわばりは解消され、隣接したなわばりのつがい同士が集まって広い地域を共有し合うようになり、一緒に餌の貯蔵を始めます。貯蔵する場所は、個体ごとに決まっているのではなく、自分が貯蔵した餌を自分の家族だけが食べるのではなく、みんなで共有し合います。秋にコガラが貯蔵したブナ、ヤマウルシ、マユミなどの木の実や種子は、秋から冬、さらに翌年の春まで森に棲むほかの小鳥たちにとっても重要な餌となっていました。

貯蔵された餌の一部は、風に飛ばされるなどして地上に落ちて芽生えることで、種子分散にも役立っているのでしょう。カケスのドングリ貯蔵行動と同様、秋に実や種子をつける森の植物は、コガラなどの小鳥とも持ちつ持たれつの関係を築いていたのです。

＊　＊　＊

鳥は、姿や声がきれいであるだけでなく、今回のコガラのように種類ごとに特徴的な生態や習性を持っています。そのため鳥類は、生き物たちが複雑な関係を織りなして互いに生きている森などの複雑な自然の仕組みを理解するのに適した研究材料といえるでしょう。

芸(げい)をする小鳥　ヤマガラ

身近な愛らしい鳥

ヤマガラ（山雀）は、黒い頭と喉、茶色の腹と背、額から頬にかけての白が印象的なシジュウカラ科の小鳥です（口絵写真7、写真①）。体長は14㎝ほどで、スズメほどの大きさです。尾が短く、頭でっかちで愛嬌のある鳥です（写真②）。朝鮮半島、台湾、中国の一部でも繁殖していますが、日本が主な繁殖地となっている鳥です。ですので、２０１４年に東京で開催された第26回国際鳥学会大会のシンボルマークにも採用されました。

日本では、小笠原諸島を除いてほぼ全国に留鳥として生息しています。平地から山地の森に棲み、ちょっとした林があれば都市部の公園でも見かける身近な鳥です。常緑広葉樹の森を特に好み、西日本では生息数が多いのですが、東日本では落葉広葉樹の森で主に生息しています。長野県の戸隠高原など標高１０００ｍ以上で繁殖するものは数が少ないの

写真①　カラ類の中では白、黒、茶、灰色とカラフルな姿をしたヤマガラ。雌雄同色

写真②　頭でっかちで愛嬌のある姿をしているが、木の実をつかむ器用な脚をもつ

ですが、それらは冬には平地に移動して越冬します。

4月の繁殖期には樹洞などにコケなどを集めて巣を造りますが、巣箱にも好んで営巣します。巣造りは雌が行い、雄は雌の護衛にあたりますが、卵を抱いて温めるのは雌のみです。孵化した雛には、雌雄が協力して餌を運びますが、餌は昆虫類やクモ類などです。

秋に種子を蓄える

春から夏の間は動物質の餌を食べているのですが、秋になると木や草の実も食べるようになり、これらを貯蔵して後で食べる貯食行動を盛んに始めます。ドングリ、エゴノキの実、コノテガシワの種子など、さらに林縁部のオオブタクサなどの草の種子を集め、木の割れ目やめくれた樹皮の下などに一個ずつ隠すのです。

飯綱山の麓にある私の家では、庭のイチイの実が9月に赤く熟すと、近くの林からヤマガラの雌雄が毎年やって来ます。イチイの赤い果肉は人が食べても甘くておいしいのですが、ヤマガラが食べているのはその果肉ではなく、中にある種子です。果肉から種子を取り出し、嘴に一個ずつ咥えて林に運ぶことを盛んに始めます。

ヤマガラは、これらの木の実や硬い種子を器用に脚でおさえ、嘴でつついて穴をあけ、中身を食べます。冬に近くの林の中に餌台を作り、ピーナッツやアサの実などを置いてやると、真っ先に集まってくるのがヤマガラです。人懐こく、私の目の前でこれらの実を脚でおさえてつつき、取り出した中身を食べ、貯蔵のために隠しに行ってはまたやって来る愛らしい姿を見せてくれます。

秋には群れの再編成

ヤマガラは、春から夏にはつがいごとになわばりをつくり繁殖するのですが、夏の終わり頃からは近くで繁殖し生き残った親たちにその年生まれの若鳥が加わった新たな群れを形成し、群れの再編成を毎年秋にしています。以後冬にかけては、広い範囲を群れで行動する生活に変わります。翌春には群れのメンバーの中から新しいつがいができ、その後群れの行動圏を分割するようになわばりができ、繁殖が始まります。

このことは、同じ仲間のシジュウカラやコガラなどでも同様です。同じ群れの中でつがいができても、若鳥は秋に生まれた場所から分散し、雄は生まれた場所近くの群れに、雌は遠く離れた群れに入るので、兄弟姉妹がつがいとなる近親交配は避けられています。

他の小鳥と混群もつくり生活

また、秋以降には、同じ地域に棲むシジュウカラ、コガラなどの同じ仲間の小鳥にコゲラ、ゴジュウカラといった小鳥も加わる異なる種類の小鳥が集まった混群と呼ばれる群れにも参加します。それぞれの種が自分の群れがベースにあって、群れの行動圏の近くに混群がやってきた時には参加し、遠ざかると離れるという生活をしています。大雪の後など、多い時には100個体ほどが集まって混群をつくることもあります。混群をつくるのは、ハイタカなどの捕食者にいち早く気づき、お互いに声で危険を知らせ合い、捕食を回避するためと言われています。お互いに林内で生活する空間を少しずつ異にし、食べるものも少しずつ違えた小鳥同士が一緒に生活することで、互いに助け合っているのです。

古くから飼育されてきた小鳥

ヤマガラは、繁殖期にはツッピイー、ツッピイーとゆっくりした声でさえずりますが、声が特にきれいな鳥ではありません。しかし、人慣れする性格で、しぐさが愛らしく、飼いやすい鳥であることから、古くは平安時代から飼育され、1000年以上にわたり飼育されてきた鳥です。学習能力が高く、芸を仕込むことができるため、ただ飼うだけでなく芸をさせるために飼育されてきたという歴史を持つ、世界でも珍しい鳥なのです。

今では、すっかり見ることができなくなりましたが、江戸時代からごく最近まで、神社仏閣の境内など人が集まる場所には、ヤマガラに芸を仕込んだ大道芸人が鳥籠を前に店開きをしていました。そこでは、ヤマガラが客からの小銭を嘴に咥えて賽銭箱に入れ、その後で神殿の扉を開けて中のおみくじを取って来る「おみくじ引き」、紐で吊るした桶の中の餌を脚と嘴を使って器用にたくし上げて中の餌をとる「つるべ上げ」、神社の鈴を鳴らす「鈴鳴らし」や「鐘つき」などのさまざまな芸をするヤマガラを日本各地で見ることができました。

それが、１９８０年以後はすっかり姿を消し、現在ではまったく見られなくなりました。野鳥を捕らえて飼うことが法律で禁止されたからです。野鳥を守るために必要であることはよく理解できるのですが、そのために日本の伝統的な文化の一つが失われてしまったことを大変寂しく思い、残念に思っています。

3章 人里の森に棲む鳥

団子状に集まり給餌を待つエナガの雛たち

カラ類のうち、シジュウカラ、ヤマガラ、エナガは比較的標高の低い人里の森に棲み繁殖する鳥ですが、そのほかにも様々な鳥が人里の森を生活場所としています。樹洞に営巣するオシドリやブッポウソウ、林縁に棲むキジやヒヨドリ、メジロ、キジバトなどです。また、猛禽類のツミ、ハイタカ、サシバ、ノスリ、オオタカは人里の森に営巣し、さらに夜行性のフクロウも人里の森に棲む鳥です。これらの鳥の中には、人里の森に隣接した農耕地などの開けた環境も利用して生活する鳥も多くいます。いずれも、人の生活圏の近くにみられる身近な鳥たちです。

雄はなぜ美しいのか？　オシドリ

森に棲み樹洞で繁殖

まだ残雪の残る5月初めの戸隠高原で、オシドリの雌雄と出会いました（写真①）。地味な姿をした雌の後を色鮮やかな姿の雄がつかず離れずにつきまとい、ミズバショウが芽吹いたばかりのハンノキ林の湿原を連れ添って歩いていました。仲の良い夫婦を「オシドリ夫婦」と言いますが、この2羽の仲睦まじい振る舞いは、この言葉がぴったりと思えました。

オシドリは、ロシア南東部、中国、日本などの東アジアに分布する鳥で、日本では北海道から本州中部以北で繁殖し、冬には西日本にも移動して越冬します。カモの仲間の鳥ですが、この仲間では珍しく樹洞で繁殖します。また、多くのカモ類の鳥は、開けた環境に住んでいるのに対し、オシドリは森に棲み、ドングリの実を特に好んで食べます。

写真①　ミズバショウが芽吹いたばかりの湿原で寄り添うオシドリの雌雄

長野県の北の端にある「栄村」では、ブッポウソウ保護のため長年にわたり巣箱かけが行われています。その巣箱に、オシドリが入って繁殖することが時々ありました（写真②）。そのため、巣箱の前や巣箱の中にセンサーカメラを設置し、この鳥の繁殖の様子をビデオカメラで毎日連続撮影しながら、研究室の学生たちとオシドリの生態を詳しく調査したことがあります。

雌は巣箱の中に計9個の卵を産みました。その卵を雌が29日間毎日温め続けた後、雛が一斉に孵化しました。孵化した雛はすぐに歩き回ることができますが、まだ全く飛べません。雛が孵化した翌日の朝、雌親が巣箱から出て、巣の真下で雛たちを呼ぶと、

写真②　採食を終えて巣に戻ってきた抱卵中の雌。巣箱の中には9個の卵が産まれている

雛は一斉に巣箱の入り口から飛び降りるのを目撃することもできました。高さ5mほどの巣箱から次々に飛び降りた雛は、山の斜面を転がった後、全員無事に巣立ちをし、雌の周りに集まりました。こんな高いところから飛び降りても、雛は身軽なため怪我をしないのです。その後、雌親は雛たちを150mほど離れた水田に連れて行き、そこで2週間ほど生活していました。

子育てを手伝わないオシドリの雄

この一連の調査を通してわかったことは、雌だけが単独で子育てをしていて、オシドリの雄は子育てを何も手伝わないということとでした。

雌が卵を温めている間、雄は一度も巣箱に姿を見せることはありませんでした。雌は毎日朝夕2回、ほぼ決まった時間に巣箱を飛び出し、餌を食べに出かけました。飛び去った方向を探すと、雌は沢沿いの水辺や水田で一時間ほどあわただしく餌を食べた後、最後に水浴びと羽繕いをし、巣に戻ってきました。この間も雄の姿はなく、雌は常に単独で行動していたのです。雛が巣立った後も、雛を連れて子育てをしていたのは雌親で、この間も雄は一度も家族のもとを訪れることも、子育てを手伝うこともありませんでした。

戸隠で見た時には雌雄が仲良く連れ添っていたことを思うと、この結果は大変意外でした。雄は、雌が子育てをしている間、どうしているのだろうか？ その後の観察から、オシドリの雄が雌に付き添っていたのは繁殖の初めの時期だけであることがわかりました。雌が卵を産み終わり交尾が可能な時期が過ぎてしまうと、雄は子育てに入った雌を捨て、他の雌を探し、別の新たな雌と行動を共にしていたのです。

オシドリの雄はなぜ美しい姿をしているのか？

それにしても、オシドリの雄は、なぜこれほどまでに色鮮やかな美しい姿をしているのでしょうか？ 鳥の中には、スズメやハトのように雌雄同色で、外見からはほとんど雌雄の区別がつかない鳥も一方でいます。雌雄による色、姿、形の違いを性的二型と言いますが、オシドリなどはこの違いが大きく、スズメなどでは小さいのです。

雌雄二型の程度の違いは、子育ての仕方の違いとも密接に関係しています。雄も雌も地味な姿の鳥は、雌雄が協力して雛を育てる一夫一妻の鳥に多く見られます。それに対し、オシドリのように雄が色鮮やかで雌が地味な鳥は、雄は子育てを手伝わない一夫多妻の鳥に多く見られるのです。一夫多妻の雄が美しいのは、雌がきれいな雄を選ぼうとしたからです。少しでも美しい雄が雌から選ばれるという選択が強く働いた結果、美しい雄が進化したと考えられます。美しい雄の息子は父親に似て美しいので、多くの雌から選ばれます。そのため、雌は美しい雄を選ぶことで、より多くの自分の子孫（遺伝子）を残すことができたからです。その一方で雌は、子育てに単独で専念しなければならないので、捕食者から目立たない地味な色に進化したと考えられます。

つまり、オシドリの雄が美しい姿をしているのは、多くの雌を獲得するためです。そのために雌と交尾し受精可能な産卵前と産卵の時期に限り、雄は異常なほどに雌と仲睦まじく振舞っていたのです。そのことが理解できると、仲睦まじいオシドリのイメージは、人の勝手な思い込みであったことがわかります。

鴛鴦（えんおう）の契り

この思い込みから生まれた言葉が鴛鴦の契りです。鴛鴦とはオシドリの雌雄のことです。オシドリのつがいは、いつも一緒にいることから夫婦の仲睦まじいことを例えた中国の故事に由来します。そのため、結婚式の披露宴の祝辞で新郎新婦へのはなむけの言葉としてよく使われます。しかし、上記のようにオシドリが仲睦まじいのは、ほんの一時期に過ぎません。オシドリの仲睦まじい関係は長続きしないのです。ですので、オシドリの雌雄は、結婚式のはなむけの言葉としてはふさわしいものではないのです。仲睦まじく幸せな家庭を築かれることを願うとしたら、オシドリではなく、スズメやハトを例えて話す方が生物学的には正しいのです。人でも、結婚し家庭を持ってもまだ若い頃のように派手な服装を好む男性は、決して家庭的ではないのです。

この例は、見かけだけで判断することは、実態を見誤ってしまうことの良い例と言えるでしょう。鳥の生態や行動の意味を正しく理解することで、我々が鳥から学ぶことはまだまだ沢山あるように思います。

日本の国鳥　キジ

日本を代表する色鮮やかな鳥

キジは、北海道を除く本州、四国、九州に分布し、山地から平地の森、農耕地等で年間を通して見られる鳥です。古くは古事記や日本書記にも登場し、万葉集などの和歌にも詠まれ、おとぎ話の桃太郎にも登場する日本人には馴染みの鳥です。同じキジ科のヤマドリは山地の森に棲むのに対し、キジは里の開けた環境に棲む鳥です。飛ぶことが苦手で、ほとんど地上で過ごします。

キジは、日本だけに生息する鳥です。昭和22年（1947）にキジが日本の国鳥に選定されました。キジの雄は、翼と尾羽を除いて全体的に美しい光沢のある緑色をしており、日本を代表する色鮮やかな鳥です（口絵写真16、写真①）。目の周りには、鮮やかな赤い肉垂（にくだれ）があります。国鳥なのですが、古くから狩猟の対象となってきた鳥で、現在も日本を

写真①　色鮮やかなキジの雄。この雄は、2羽の雌を連れていた

代表する狩猟鳥です。

なぜ、雌が雄を選ぶのか？

色鮮やかなキジの雄に対し、雌は地味な姿をしています（写真②）。一夫多妻で、2月から4月の春先には雄が複数の雌を連れているのをよく見かけます。繁殖期の雄は、なわばりを持ち、「ケーン、ケーン」と鋭い声で鳴き、なわばりを主張します。

雄が色鮮やかで雌が地味な鳥は、オシドリも同様です。オシドリやキジの雄が色鮮やかなのは、以前にもふれたように雌が色鮮やかな美しい雄を好む自然選択が働いた結果です。また、前回紹介したキツツキの仲間の雄が枯れ木を嘴で叩くドラミングや多くの鳥で雄が繁殖期に

写真② 雄とは対照的に地味な姿をしたキジの雌

きれいな声でさえずるのは、ドラミングのうまい雄やきれいな声でさえずる雄を雌が好むことにより進化したものです。鳥だけでなく、ニホンジカの雄が繁殖期に大きな立派な角を持っているのは、雌が角の大きな雄を好む自然選択の産物なのです。つまり、雄の美しい姿、きれいな声のさえずり、シカの大きな角などの特徴は、いずれもそれらの特徴を持った雄を雌が好むという、雌よる雄の選択が生み出したものです。
　では、動物ではなぜ雌が雄を選ぶのが一般的なのでしょうか? 今回は、この問題を考えてみます。

雄と雌の誕生と進化

雌の方が雄を選ぶ理由を理解するには、地球上に雄と雌が誕生したはるか昔にさかのぼって考えなければなりません。地球上で最初に誕生した生物は、分裂等により自分と同じ遺伝子を持った子をつくっていました。その時代が長く続いた後、減数分裂により染色体数が半分の配偶子（n）をつくり、2個体が配偶子を合体させて染色体数2nの子をつくる有性生殖が始まりました。親と同じ遺伝子の子をつくるそれまでの無性生殖に対し、有性生殖の方がその後有利となったのは、親とは異なった遺伝子を持つ子をつくることが可能となり、環境の変化に素早く対応できたからです。

有性生殖の初期段階は、2個体が同じ大きさの配偶子を合体させ、子をつくる同型配偶子生殖でした。その段階が長く続くと、より確実に子を残すため、配偶子は次第に大型化していきました。配偶子が必要以上に大型化した段階で、変化が生じました。小さな配偶子をつくり、大型の配偶子と合体しようとするずる賢い個体が出現したのです。ずる賢い個体の配偶子は、しだいに小型化し、運動能力を持つようになり、まじめな個体の配偶子はそれを補うように一層大型化しました。異形配偶子生殖の始まりです。この段階に至り、配偶子はそれぞれ精子と卵（卵子）となり、ずる賢い個体の方が雄、まじめな個体の方が雌となり、初めて地球上に雄と雌が誕生しました。

有性生殖では、雄と雌は遺伝子（ＤＮＡ）に関しては正確に半分ずつ仲良く子に伝えますが、受精した卵の発生に必要な栄養物質のほとんどは卵に含まれています。精子は、遺伝子以外ほとんど何も持っていません。精子は極めて小さいので大量生産可能ですが、卵の方は大型なのでそうはいきません。また、受精した後の子の世話についても、雌の負担の方が大きいのが一般的です。ですので、子を残す潜在能力は、大量生産ができない雌よりも大量生産可能な雄の方が圧倒的に多いのです。人では、男性でもっとも多くの子供を残したのはモロッコ皇帝 Moulay Ismail の８８８人に対し、女性では27回の妊娠による69人です。

雌は子への投資量が多いので、雄ならだれでもよいというわけにはいきません。投資量が多いぶん、雄を慎重に選ぶことになります。それに対し子への投資量が少ない雄の方は、雌をえり好みをせずにできるだけ多くの雌を得ることで、多くの子孫（遺伝子）を残そうとします。その結果、貴重な雌をめぐって雄同士が争うことになり、雌が雄を選ぶという関係が確立したと考えられているのです。

対立が基本の性関係

雌雄の関係は、しばらく前まではお互いの遺伝子を半分ずつ持つ共通の子を残す協調的な関係にあると考えられていました。しかし、最近では、雌雄は対立関係にあるという見方に大きく変わってきました。雌は、少しでも多くの遺伝子を残してくれる雄を選ぼうとするのに対し、雄は多くの雌を得ることで自分の遺伝子を少しでも多く残そうとしているからです。雄と雌は、地球上で最初に誕生した時以来、互いに自分の遺伝子を次世代に最大限残そうとして、ぎこちない対立関係をずっと維持してきていると考えられています。

＊　＊　＊

動物は、以上のような理由から雌雄は対立する関係にあり、雌が雄を選ぶのが一般的なのですが、人の場合はどうなのでしょうか？　人では、化粧をし、色鮮やかな服装をするのは、どちらかといえば女性の方です。だとしたら、人の場合には、動物とは逆に男性が女性を選ぶ関係にあるということになります。男性をめぐって女性がしのぎ合うという動物とは反対の関係にあると見て良いのでしょうか。この問題を皆さんはどう考えますか？　動物とは逆であるとしたら、そうなっている理由は何なのでしょうか。また、女性が化粧をする意味は何なのでしょうか。動物に劣らず、人の行動にもまだまだ多くの謎があるように思います。

みんなで協力し子育てする鳥　エナガ

日本で最もかわいらしい鳥

エナガは、見た目や人懐っこさから日本で一番かわいらしい鳥といって良いでしょう。丸っこい体に長い尾を持ち、嘴が短く、目の上にはオレンジ色の縁取りがあります（口絵写真2、写真①）。体長14㎝、体重は8gほど。日本ではキクイタダキに次ぐ体の小さな鳥です。体長のほぼ半分は尾羽です。雌雄同色で、外見からは雌雄の区別はできません。長い尾を柄杓（ひしゃく）の柄にたとえ、エナガ（柄長）と名づけられました。英名はLong-tailed Tit。長い尾をしたカラ類の意味です。

ユーラシア大陸の中緯度地域を中心にヨーロッパから中央アジア、日本にかけて広く分布しますが、日本では九州以北の平地から山地の林に棲んでいます。北海道には別亜種のシマエナガが生息し、顔や頭全体が白いので本州のエナガとは区別できます。

写真①　巣の中に敷く羽毛を持ってきたエナガ

群れなわばりを持つ

エナガの生態については、私が学生の頃、当時信州大学医学部におられた中村登流（のぼる）さんが松本市郊外の山麓で詳しく調査しています。それによると、繁殖期以外の時期は、10羽から15羽ほどの群れで生活していて、ほぼ同じ地域に年間通して見られます。群れのメンバーはほぼ安定していて、群れごとに定住している地域をなわばりとして守っています。隣の群れとは、境界部でよく争います。夜には、群れのメンバーが一緒に塒（ねぐら）を取る習性があります。

つがいごとに分かれて巣づくり

今年の冬、長野市郊外の千曲川でエナガを調

写真② 笹藪に造られた巣で雛に餌を与えた直後の親鳥

査する機会があり、計10巣を発見することができました。エナガが生息し巣があった場所は、河川内でハリエンジュなどのまとまった林がある場所でした。2月に入ると、群れの中につがいができてきます。つがいとなった2羽は、一緒に行動する時間が徐々に増えてゆき、それと共に3月中頃になると群れでの行動がほとんど見られなくなります。その頃から、つがいごとに群れなわばり内のあちこちに分かれて巣づくりを開始しました。

エナガが造る巣は、きわめてユニークで、かつ精巧なものです。木の又や藪の中に縦にやや細長い球形の巣を造ります（写真②）。まず、苔をクモの糸で固めて袋状の形を造り、入口を上の方につけます。次は、同じく苔とクモの糸で中から巣の壁を厚くしてゆきます。最後は、沢山の鳥の羽を集めてきて巣の中に敷き詰め、ふわふわの暖かい巣を完成させました。大変な作業量ですが、巣づくりに要した日数は、わずか10日間ほどでした。

体は小さいが多産の鳥

産む卵の数は、7個から12個、平均は9卵と多産の鳥です。卵は2週間ほどで孵化します。孵化後しばらくは雌が巣に留まり雛を温めますが、その後は雌雄一緒に巣に餌を運び、雛を育てます。雌雄は、一緒に餌を探しに行き、餌をくわえて一緒に巣に戻って来ます。餌は小さな昆虫やクモで、アブラムシの類を特に好むようです。芽吹きが始まったばかりの林で、よくもこんなに餌を見つけられるのかと、エナガの目の良さには驚かされました。雛は、2週間ほどで巣立ちました。

エナガは、巣立ち直後に雛が一か所に集まって親から餌をもらう習性があります。その様子を今回写真に撮影することができました（60ページのイラスト参照）。この巣では、計11羽の雛が横枝に団子のように並び、親から給餌を受けていました。雛への餌運びは、つがいの雌雄の他に繁殖に失敗した隣のつがいも加わり、計4羽で次々に餌を運んでいました。こんなかわいらしい光景が見られるのは、孵化後の2日間ほどに限られます。以後雛に飛翔力がつくと、林内を移動しながら雛は親からの給餌を受けるようになりました。

しかし、無事雛を巣立たせることができたのは、10巣見つけたうち3巣のみで、残りは卵や雛の段階で捕食されました。現在、千曲川での卵や雛の最大の天敵は、オナガとカラスのようです。小さな弱い鳥なので、多くの卵を産まないと、子供を残せないのでしょう。

共同繁殖する鳥

エナガは、日本で最初に共同繁殖をすることが確認された鳥です。発見したのは、最初に紹介した中村登流さんです。共同繁殖とは、自分の子供ではない他の個体の子育てを手伝うヘルパーと呼ばれる個体を持つ繁殖のことです。現在日本では、15種ほどの鳥が共同繁殖をすることが知られています。エナガ以外では、オナガやイワヒバリがその代表で、いずれも群れで生活する鳥です。

この共同繁殖が注目されたのは、ヘルパーのやっていることは典型的な利他行動であるからです。他の個体を利する自己犠牲行動であり、動物は自分の遺伝子を残そうとして常に利己的に行動するという生物学の大原則に反する行動であるからです。

この難問を解決する糸口をつけたのがW. D. Hamilton（1964）です。それまで、自分の遺伝子を残すには、自分が繁殖して子供を残す以外にはないと考えられていました。それに対し彼は、自分と同じ遺伝子を持つ確率の高い血縁者の繁殖を助ける事でも、自分の遺伝子を残すことができる事を明らかにしました。彼は、Fishier（1930）が確立した血縁度（r）の概念を使い、平均して2人以上の兄弟姉妹（r=0.5）、4人以上の孫（r=0.25）、8人以上のいとこ（r=0.125）を救うことができたら、ヘルパーのような利他行動が進化し得るとしました。

エナガの群れのメンバー間の血縁度がどのくらいの値であるかは、まだ明らかにされていませんが、Hamiton説でどの程度説明できるのか、残された興味深い課題の一つです。

＊　＊　＊

人間の祖先も、おそらくかつては共同繁殖により子供を育てていたのでしょう。祖父母と一緒に暮らす3世代同居の大家族が基本で、生まれた子供は大家族のみんなの協力により育てられていたのでしょう。それが、現在では核家族化が進行し、子育ては夫婦、特に女性の負担が大きくなりました。少子高齢化の問題の解決には、家族の在り方から考え直してみる必要があるように思います。

鷹狩に使われた鳥　オオタカ

里山を代表する猛禽

オオタカは、日本の里山に棲む猛禽の代表と言っても良いでしょう。分布は広く、ユーラシア大陸から北アメリカに生息し、日本には北海道から九州の里山の森に棲んでいます。カラスほどの大きさで、頭から体の上面は黒っぽく、白い胸から腹には多数の横縞があります（写真①）。虹彩が黄色の目を持ち、精悍な顔つきをした猛禽です。

今から25年ほど前に、長野県内で繁殖するほぼ全種類の猛禽を対象に調査したことがあります。日本の伝統的な木登り道具であるブリ縄を使って猛禽の巣に登り、巣の上に小型カメラを設置し、巣造りから雛が巣立つまで、巣内の様子をビデオカメラで連続撮影しました。撮影した映像は、研究室の学生たちが卒業研究のテーマとして解析しました。この解析により、つがいの雌雄がどのように子育ての仕事を分担しているか、巣にいる雛に持ってくる餌内容など、種類ごとの違いが解明されました。

雌雄で役割が明確なオオタカの子育て

オオタカについては、いくつもの巣にカメラを設置し、特に詳しく調査しました。この鳥が前年に使った古巣に姿を見せるのは2月からで、最初に訪れるのは雄です。雌は遅れて3月に入ってから姿を見せます。巣材は2月から運び込まれますが、3月に入ると本格的になります。この頃の巣材は枯れ枝で、まず巣の土台が造られます。3月末頃には青葉のついた枝が運び込まれ、雌によって丸く産座が作られ、巣が完成します。

写真① 人の手にとまるよく訓練されたオオタカ

4月に入ると2〜4個の卵が

写真②　アカマツの木に造られたオオタカの巣と孵化後3週間の雛

産まれます。卵を温めるのは雌の仕事で、雄は1日に数回巣に餌を運んで来ます。雌は、雄の運んで来た餌を巣の外で食べた後、卵の下に敷くアカマツの枯れた皮を持って巣に戻るのがオオタカの特徴です。

卵は、38日間ほど温められた後に孵化します。雌は、雛が孵化した後も引き続いて巣に留まり、白い産毛に包まれた雛の世話をします（写真②）。一方雄は、雌だけでなく雛の餌も確保するため、いっそう忙しくなり、巣にいる雌に餌をわたすとすぐに飛び去って行きます。雛が大きくなると、雌も外に餌捕りに出かけ、雛は孵化から約40日で巣立ちます。

オオタカの子育ては、巣に留まり卵を温め雛の世話をするのが雌の仕事、雄は外で狩りをして餌を巣に持ってくる仕事というように、雌雄で役割が明確に分かれています。それに対し、同じ里山の猛禽でもハチクマは、巣造り、抱卵、育雛を雌雄でそれぞれ半分ずつ受け持つというように、猛禽の種類により子育ての形態は多様であることがわかりました。

巣にいる雛に運ばれてきた餌も猛禽の種類により大きく異なりました。オオタカの餌は92％がムクドリ、ドバトなどの鳥類であったのに対し、ノスリでは92％がネズミ、モグラなどの哺乳類でした。ハチクマでは64％が昆虫類のハチ、26％がカエルなどの両生類で、トビは92％が魚類、チョウゲンボウは45％が鳥類、38％が哺乳類でした。最も多様な餌を捕っていたのがサシバで、40％が両生類、29％が爬虫類、16％が哺乳類、9％が昆虫類でした。これらの結果から、これら里山の猛禽類は、互いに食べる餌内容を違えることで競合を避け、共存していることがわかりました。

権威の象徴であった鷹狩

現在では、猛禽類は我々の生活から身近な存在ではなくなりましたが、かつては鷹狩に使われ、日本人にとって大変重要な意味を持っていました。鷹狩とは、飼いならした鷹を山野に放って行う狩猟の一種です。紀元前２０００年以上前、中央アジアの遊牧民の間で発達したのが起源と言われています。日本では、4世紀に仁徳天皇が行った鷹狩りが最も古いとされています。その後、中世から江戸時代にかけ、貴族や大名の娯楽や権威の象徴として長い間盛んに行われました。その日本の鷹狩で最もよく使われていたのがオオタカで、キジやヤマドリなど主に鳥類の狩猟に使われていました。ノウサギ、キツネなどの哺乳類の狩猟には、体のより大きいクマタカやイヌワシが使われました。

鷹狩は、初めは天皇家が行う特権として定着したのですが、武士が台頭した室町時代から戦国時代にかけては、戦国大名によって盛んに行われ、織田信長、豊臣秀吉、徳川家康、いずれも鷹狩を好みました。この時代には、権力者への鷹の贈呈が盛んに行われ、多くの鷹を持つことが権力の象徴となり、支配体制や権力を固めるために鷹狩が行われました。また、鷹狩の鷹確保のため、大名や幕府が各地に「御巣鷹山」を設けたので、現在もこの名が各地に残っています

しかし、明治維新以後、鷹狩は特権階級の狩猟ではなくなり、1892年の「狩猟規則」と1901年の「狩猟法」改正以後は、厳しく制限されました。明治天皇により、宮内省式部職の下で鷹匠の雇用と育成も図られたのですが、第二次世界大戦後中断しています。かつて幕府や宮内省の鷹匠が持っていた鷹狩の技術と文化は、現在では途絶えています。

自然保護のシンボルに

猛禽類の多くは、肉食であり自然界の頂点に位置することから、近年は自然保護のシンボルとなっています。殊にオオタカは、身近な里山の猛禽であることから、行き過ぎた里山の開発に一定の制限をする役割を果たしてきました。１９９８年に開催された長野冬季オリンピックでは、会場予定地にオオタカが繁殖していたことから、会場が変更されました。一つがいのオオタカのために、人間の側が初めて譲歩したのです。

オオタカは、１９９３年に種の保存法が施行されると、「希少野生動植物種」に指定され、保護対象となりました。しかし、２０１７年には、当初の予想より生息数が多かったこと、また都市への進出など生息数が増加に転じたことから、その指定が解除されました。解除後も鳥獣保護法に基づき、捕獲、流通、輸出入は、今まで通り規制されています。

以上のように、オオタカと人との関係は、時代と共に大きく変化してきました。今後、人と猛禽とは、どのような関係を維持してゆくのが望ましいのか、過去の歴史を通し考えてみる価値があるように思います。

小型の猛禽　ツミ

日本で最小の鷹

ツミという鳥をご存じでしょうか。漢字では雀鷹と書きます。英名もSparrowhawkです。雀のように小さい鷹が名の由来です。日本に生息する鷹の中で最も小型で、雄は体長が27㎝、雌は30㎝ほど、体重は雄100g、雌150gほどで、雄はヒヨドリ、雌はハトくらいの大きさしかありません。体は小さいのですが、姿形は鷹そのものです（写真①）。前回紹介したオオタカと同じタカ科ハイタカ属の鳥です。

アジア東部の温帯に生息し、日本では北海道から九州まで全国で繁殖しますが、冬には北のものは南に渡ります。平地から低山の林に棲み、最近では都市にも分布を広げ、公園や街路樹などにも営巣するようになりました。

20年ほど前、研究室の学生たちとオナガを調査している折、偶然ツミの巣を発見しまし

写真①　巣立ち近くの雛がいる巣に餌を持って来たツミの雌親

た。そこで、巣のある隣の木に小型カメラを設置し、巣の中の様子をビデオで連続撮影し、雛が巣立つまでの子育ての様子を調査しました。巣はアカマツの木の高さ10mほどにつくられていて、5羽の雛が無事孵化しました（写真②）。

餌は小型の鳥類

巣で卵を温めていたのは雌で、雄は一日に数回雌に餌を運んできました。雌は雛が孵化した後も巣に留まり、雄が運んで来た餌をついばんで雛に与えていました。孵化後10日間ほどたち、雛が真っ白な羽毛に包まれるころになると、雌も外に餌を捕りに出かけました。

巣にいる雛にツミの親が運んで来た餌のほとんどは小鳥でした。最も多かったのがスズメでほぼ半分を占め、他にはホオジロ、シジュウカラ、カワラ

写真②　アカマツにつくられた巣で、親の帰りを待つツミの雛

ヒワなどでした。カブトムシやクワガタといった昆虫も少数ですが雛に与えていました。

ツミと同様、オオタカとハイタカについても巣に小型カメラを設置し調査しましたが、これら同じハイタカ属の3種が巣に運んできた餌のほとんどは鳥類でした。ですが、巣に運んで来た鳥の大きさや種類は、それぞれ違っていました。体重が0.5～1.0kgあるオオタカは、キジやドバトなど体重が0.3～1.0kgの大型の鳥を巣に運んできたのに対し、ハイタカはそれよりも小さなムクドリやカケス、キジバトなど50～300gの鳥でした。ツミは15～25gの小鳥です。これら近縁の3種は、体の大きさに対応し、異なる大きさの鳥を餌とすることで、同じ里山の森で共存していることがわかりました。

さらに、これら3種は、いずれも雄よりも雌の方が体が大きく、雌雄で体の大きさに対応し餌の大きさを変えている可能性もありました。捕食者の鳥にとって、体の大きさは、獲物の大きさを決める重要な要因であることがわかります。

体は小さいが気の強い鳥

ツミの調査では、大変貴重な経験をしました。雛がかなり大きくなり巣立ち近くになったころ、風の影響で撮影しているビデオの画面が中央の巣から外れてしまい、やむなくカメラを設置した隣の木に登った時のことです。巣のすぐ近くまで登った時、突然ツミが私の顔面に体当たりしてきたのです。私がしがみついていた木の幹に隠れて飛んできて、直前に方向転換し体当りされたので、一瞬何が起きたのかわかりませんでした。幸い怪我はなくて済みましたが、全く予想外のことでした。猛禽の調査で、巣の中の卵数や雛数の確認、巣立ち前の雛の足輪付けなど、いろんな種類の猛禽の巣に登りましたが、体当たりされたのは他にはトビ1種類だけでした。ですので、体の小さなツミがこのような行動に出るとは思ってもいなかったのです。

ツミは体は小さいが気性が激しいとは以前から聞いていたのですが、そのことを身をもって経験しました。

ツミの威を借るオナガ

ツミのこの気性の激しさを利用する鳥がいます。オナガです。ツミが市街地など人の生活圏に進出すると、もともといたオナガがツミの巣の周りで繁殖するようになったのです。オナガにとって、強敵はハシブトガラスやハシボソガラスです。これらのカラスは、鳥の卵や雛を好んで食べます。カラスに巣を襲われたら、体重が70ｇほどのオナガが集団で立ち向かっても、体重が7、8倍あるカラスを撃退することはできません。そこで目を付けたのが、ツミの攻撃性です。ツミの巣の近くに巣を造ったら天敵のカラスをツミが追い払ってくれます。オナガは、敵の敵は味方と認識したのです。

でも、ツミの巣の近くに巣を造ったら、オナガ自信がツミに捕食されることはないのでしょうか？ ツミは、オナガより少し体が大きく、自分の体より大きな鳥を襲うことがあります。カメラを設置したツミの巣の近くには、数つがいのオナガが集まって繁殖していたので、この疑問について学生たちと調査しました。巣のある林の中にテントを張って、オナガとツミの行動を観察しました。その結果わかったことは、オナガは常にツミの行動を見ていて、ツミが飛び立つたびに警戒の声を発し、仲間に危険を知らせていました。オナガは、ツミに少しも気を許していなく、いざとなったら集団でツミを攻撃する体制を取っていたのです。

鳥同志の複雑な関係

今年千曲川でエナガを調査する機会があり、ツミとオナガと似た関係がエナガとオオタカやノスリといった大型猛禽の間でも見られることを発見しました。エナガがオオタカやノスリの巣の近くで好んで繁殖する傾向があったのです。体重が７ｇほどの日本最小のエナガは、これら大型猛禽の巣の近くに巣を造っても、襲われる心配はありません。エナガにとって最大の天敵はオナガで、これらの猛禽の巣の近くは、オナガから安全であるからです。

ツミが都市部に進出してからだいぶ年月がたち、ツミとオナガの関係に変化が起きました。ＮＰＯ法人　バードリサーチの植田睦之さんによると、最近はツミの巣の近くにオナガが繁殖しなくなったとのことです。理由は、ツミは以前と異なり、必要最小限の巣の防衛しかしなくなったため、オナガにとってツミは以前のように頼りになる存在ではなくなったからとのことです。

人間の社会と同様、鳥も互いに複雑な関係を築き上げており、その関係も微妙なバランスで成り立っているのです。

4章 花の蜜を好む鳥

梅の花の蜜を細い嘴で吸うメジロ

花の蜜を専門に食べる鳥を花蜜食の鳥と言います。ハチドリやミツスイに代表される熱帯や亜熱帯に棲む鳥ですが、四季が明確で季節移動が難しい島国の日本には、一年中花の蜜を餌とする鳥はいません。ですが、日本では冬の終わりから春先にかけ常緑樹のツバキ、落葉樹のウメ、サクラ、アンズ等の花樹が一斉に花をつけます。そのため、この時期に限って花の蜜を餌にする鳥がいます。メジロ、ヒヨドリに代表される鳥たちで、花の少ない夏から秋、冬には昆虫食や果実食に変わる鳥です。これらの鳥は、春に花を咲かせる樹木にとって大切な受粉媒介者ですが、夏以降に花を咲かす植物には昆虫類が主な受粉媒介者となります。

春の花の時期に花蜜食　メジロ

冬に餌台に集まる

冬の間、私の家の近くの林に造った餌台に熟したカキを置くと、メジロ（目白）が群れで時々食べに訪れます。この鳥は、名前の通り目の周りに白い輪があり（写真①・②）、一度見たら名前がすぐに覚えられる鳥です。体長は僅か12㎝ほど、体重は10ｇの小さな鳥で、絶えず活発に動き回り、チィー、チィーとよく鳴きます。

メジロは、日本中どこでも見られる鳥で、北海道のものは冬に南に渡りますが、そのほかの地域では一年中見られる留鳥です。平地から山地の林に棲む鳥ですが、市街地でも公園などちょっとした林がある場所でも見かける鳥です。しかし、この鳥が餌台を訪れるのは、３月末までです。

写真①目の周りが白いのが特徴のメジロ

写真②細い嘴を持ち春先には花の蜜が好物

春には桜などの花に集まる

メジロが餌台を訪れなくなるのは、アンズやサクラなどの花樹が春の訪れとともに花を咲かすからです。この時期になると、この鳥の好む餌は、花の蜜に変わります。この鳥の細い嘴は、花の蜜を吸いとるのに適しています。家の近くや公園などでウメ、アンズ、サクラ、さらにはツバキの花が咲いたら、花を楽しむとともにメジロが群れで花の蜜を吸っているのをぜひ観察してみてください。

世界には、アメリカ合衆国南西部からアルゼンチンにかけて分布するハチドリ科の鳥、オーストラリア、ニューギニアなどに分布するミツスイ科の鳥といった花蜜食に適応し、年間を通して花の蜜を餌とする鳥がいます。それに対し、四季の明確な日本では、春先の花の時期にのみ花の蜜を利用する鳥がいるだけで、その代表がメジロなのです。桜の花も終わり花の時期が過ぎると、メジロはつがいとなり繁殖を開始します。繁殖期から夏の間は花の蜜に代わって昆虫が主な餌となります。さらに、秋から冬には、ビワ、カキなどの漿果、ミカンの果汁などが主な餌に変わります。メジロは、四季により餌内容を変えることで、年間を通して同じ地域に留まることができるのです。

子どもの頃の遊び

餌台に集まってくるメジロを観察していると、子どもの頃のことが思い出されます。この鳥は、家の庭に時々訪れた私にとって馴染みの鳥です。私の子どもの頃には、鳥を捕まえ、飼うことが遊びの一つでした。メジロの他、カワラヒワ、モズ、ホオジロなど、冬の時期に餌をおとりにして捕らえ、飼った経験があります。メジロを捕らえようとし、何度も失敗し、工夫を重ね、やっと捕らえて手につかんだ時の感動は、今も忘れられません。

遊びはそれだけではありませんでした。千曲川の近くで生まれ育った私にとって、千曲川は子どもの頃の遊び場でした。その頃、学校にプールはなく、夏には近所の子どもたちと一緒に千曲川で泳ぎ、魚を捕らえ、焚火もしました。学校が終わると、近くの神社に子どもたちが集まり、夕方近くまで遊びました。近くの山も、春のワラビ採り、秋のキノコ採りと遊び場でした。田植えの頃になると、千曲川から上がってきたフナやナマズを捕らえました。大きなナマズを30分くらい追いまわし、全身ずぶぬれになってナマズに抱きつき、やっとの思いで捕らえたこともありました。

子どもの頃の原体験の重要性

あの子どもの頃の原体験がなかったら、私は鳥の研究でここまで大成できなかったのではないかと思っています。世界の鳥の研究者が１００年かけても解明できなかったカッコウの托卵の謎を、次々に解明することができたのは、たくさんのカッコウを捕獲できたことや様々な工学機器を駆使することでこの鳥の詳細な行動を解明できたからです。もっと言えば、木登りが得意であったこと、野外での勘が働き、さまざまな工夫ができたこと、丈夫な体と体力があったことに尽きると思います。これらは、いずれも子どもの頃に、遊びを通して身につけたものです。

大学で学生たちを32年間教えて思うことは、私と学生では子どもの頃の原体験の質に大きな違いがあることです。多くの学生は、小学校から高校まで成績優秀で過ごしてきた学生です。それに対し、私は逆でした。小学生の頃までは、ほとんど遊んで過ごしました。家で勉強したことはほとんどなかったように思います。中学生になって少しは勉強するようになりましたが、高校時代は勉強より考古学の方に熱中していました。私が本格的に勉強したのは大学に入ってからです。大学院に入ってからはさらに勉強しました。それに対し、成績優秀で入学してきた学生の中には、大学に入ってからは学ぶ目標を失い、勉強しなくなる学生たちを多く見てきました。

長年にわたり大学で教えて気づいたもう一つのことは、大学生になってからでは身につかないさまざまな能力があることです。それは、感性、直観力、洞察力、コミュニケーション能力、さらには方向感覚といった能力です。人が生きてゆくうえで重要なこれらの能力は、人の成長に合わせて身につける適切な時期があるように思います。これらの能力を子どもの頃の様々な原体験を通して身につけ、その後で様々な知識を身につけていったら、それらの知識は生きる知恵となります。逆に、子どもの頃にそれをせず、知識ばかり身につけても、その知識は単に受験のための道具となり、生きる力にはならないのでしょう。

私が子どもの頃に遊んだ千曲川に、今は子どもたちの遊ぶ姿はほとんど見られなくなりました。危険だからと言って、子どもたちが遊ぶのを学校が禁止したからです。私が遊んだ神社にも、子どもたちの遊ぶ姿がほとんど見られなくなり、そこでかつて行われた祭りも今は途絶えがちとなりました。

私の世代は、戦後間もない大変貧しい時代に育ちました。その頃に育った我々の世代と比べると、現在では子どもの頃に遊びを通して自然と触れる機会は、すっかり少なくなっているように思います。最近、毎年のように日本人がノーベル賞を受賞していますが、その受賞者はちょうど私の世代の人たちです。現在の小学校から大学の日本の教育の現状を考えると、果たして30年後、40年後にもノーベル賞受賞者はいるのでしょうか？

メジロを捕らえることに熱中した子どもの頃を思い出し、そんなことを思いました。

都市に進出した鳥　ヒヨドリ

都市にも棲むごく身近な鳥

今回は、スズメやカラスに次いで身近な鳥であるヒヨドリについて紹介します。体長は28㎝ほど、全身が灰色をした比較的大型のスマートな鳥です（口絵写真10、写真①・②）。大きな声で「ヒーヨ」と鳴くことからヒヨドリと名づけられました。英名はBrown-eared bulbulで、耳にあたる部分が茶色である特徴からつけられた名です。里山から農耕地、都市の公園や住宅地など、日本では人の生活している周りでごく普通にみられる鳥です。

ですが、この鳥の分布は限られていて、日本列島とその周りの台湾、フィリピン北部、朝鮮半島南部など限られた地域にしか生息していません。ですので、日本を訪れた鳥好きの外国人が日本でぜひ見たい鳥がヒヨドリなのです。しかし、姿が地味で、声もきれいではなく、日本ではあまり好かれていない鳥です。

写真① ヒヨドリは、声がうるさく姿が地味で、あまり好まれていない鳥です

写真② 森の中で姿は目立たないが、よく見るとなかなかセンスの良い鳥です

低山の森から都市に進出

今から50年ほど前の１９７０年代までは、ヒヨドリは今ほど身近な鳥ではありませんでした。本州中部から東北にかけては、標高４００ｍから１０００ｍの低山の落葉広葉樹林の森に棲む鳥で、人が住む平地には秋の終わりから春先に訪れる冬鳥でした。それが、最近では都市の公園や住宅地でも繁殖し、年間を通してみられる鳥に変わりました。

なぜ、かつて低山で繁殖していたヒヨドリが都市でも繁殖するようになったのでしょうか？　それには、いくつかの理由があるように思います。まず、戦後の高度経済成長期を通し、都市の緑化が進み、ヒヨドリが繁殖できる環境が整ってきたこと、この鳥はもともと雑食の鳥で様々な餌を利用する能力を持っていたこと、さらに人の生活している場所の方が山よりも生活しやすいことを、ヒヨドリ自身が学んだことによると考えています。

昼間に渡るヒヨドリ

雪の多い北海道や東北に棲むヒヨドリは、冬には南の暖かい地域に渡ります。秋の9月下旬から10月上旬が南に渡る時期です。北海道のヒヨドリは九州や沖縄まで移動し、冬を過ごします。春の4月下旬から5月上旬が北に戻る渡りの時期です。この時期になると、数十羽の群れでヒヨドリが日本列島を北上し、渡る姿を日本中でよく見かけます。というのは、ヒヨドリは日中に渡りをするからです。しかも、低く飛ぶので渡る姿とともに鳴き声も聞かれます。それに対し、多くの小鳥は夜に渡りをするので、渡ってゆく姿を見ることは、ほとんどありません。ヒヨドリは、昼間に渡るという特異な習性をもつ鳥なのです。

多くの小鳥が夜に渡る理由は、夜の方が天敵に襲われる危険性が少なく、安全だからと考えられています。昼間渡るヒヨドリは、ハヤブサなどの猛禽類に襲われる危険があります。というのは、津軽海峡や関門海峡を渡るときには1000羽ほどの大群となり、ハヤブサなどの猛禽に襲われないよう海面すれすれに飛ぶことが知られています。

昼間渡るヒヨドリは、夜に集団で寝ているところを捕食者に襲われる危険もあります。北に戻る渡りの時期は、フクロウが子育てをしている時期です。以前、長野市郊外で繁殖するフクロウを調査したことがありました。その折、ヒヨドリの春の渡りの時期には、どの巣箱でもフクロウの雛の脇には何羽ものヒヨドリの死体が餌として蓄えられていることを知りました。

昼も夜も危険にさらされるのに、ヒヨドリはあえてなぜ昼間に渡りをするのかについては、まだよくわかっていません。一方、夜に渡る多くの小鳥にとっても、渡りは決して安全ではありません。4月末から5月初め乗鞍岳でライチョウの調査をしていると、新雪上にキビタキ、オオルリ、センダイムシクイ、マヒワなどの渡り鳥の死体が落ちていることがよくあります。夜に乗鞍岳を超えて北に渡る途中、吹雪にあい凍死したのです。同じ時期、昼間には乗鞍岳を群れで渡るヒヨドリをよく見かけますが、ヒヨドリは昼間渡るので、そのようなことはないのです。渡りをする鳥には、いずれにしても常に危険が伴うことは確かです。

渡りをしないヒヨドリの生活

長野市の隣の飯綱町にある私の家の庭には、年間を通して多くの鳥が訪れ、それらの鳥を観察することが私の楽しみの一つです。長野市では、ヒヨドリは一年を通してみられる留鳥ですが、冬には数が減るので、一部は暖かい地域に移動しているようです。

留鳥のヒヨドリは、渡りのヒヨドリのように群れることはほとんどありません。単独か2羽で行動していますが、春から夏の繁殖期にはつがいごとになわばりをもち、子育てをします。なわばりの大きさは半径220mほどですが、我が家は特定のヒヨドリのなわばり内に毎年含まれていて、なわばり内を朝に巡回する折に我が家の庭木で毎回大声で鳴きます。

ヒヨドリを長年観察して見えてきたことは、人の生活にうまく溶け込んでしたたかに生きる姿でした。雑食性の鳥で、繁殖期には昆虫が主食でサクランボの実も食べますが、秋から冬には果実食に変わります。秋にはブドウやリンゴを食べるので、農家からは大変嫌われている鳥です。餌がなくなる冬の時期には、好きなものから順に食べてゆきます。最初に好まれるのが収穫されなかった熟れた柿や落ちリンゴです。それらも得られなくなる冬の終わりには、ナンテンやピラカンサの実、最後にはヘクソカズラの実も食べます。

春先には、折れた枝から出る樹液も重要な餌です。3月に入りウメやアンズなどの花が咲くと、それらの花蜜を好んで食べます。我が家の庭のオオヤマザクラが咲くと、毎年その木はヒヨドリに独占され、蜜を食べに来たメジロが追い払われます。冬の餌台でもそうですが、独占欲の強い鳥です。そのヒヨドリは、平安時代の貴族から飼い鳥として好まれたそうですが、なぜなのかと不思議に思います。

＊　＊　＊

人の場合と同様、鳥の生活も生まれた地域により大きく違っています。また、人と鳥の関係も時代とともに変化します。つい最近まで人を避けて生活してきた鳥の中には、人の生活圏に進出し、人の生活を利用して生きる鳥がみられるようになりました。その代表がヒヨドリなのです。

5章

奥山の森で繁殖する鳥

秋に種子を集めて貯蔵するホシガラス

人里の森に棲む鳥に対し、より人里から離れた標高の比較的高い地域の森に棲む鳥がいます。カラ類ではヒガラ、コガラ、ゴジュウカラで、さらにキバシリ、ニュウナイスズメ、アオバト、アカハラ、コルリといった奥山にあたるナラやブナ等の落葉樹林の森に棲む鳥です。さらに標高の高い地域の亜高山帯の針葉樹の森には、ホシガラスやウソ、ルリビタキ、キクイタダキといった鳥が棲んでいます。これらは、純粋に森を住みかとしている鳥ですので、普段には見ることのできない鳥たちです。春から夏に奥山の森を訪れた折に探してみてください。

ハイマツの種子を貯食する鳥　ホシガラス

夏の登山道で見かける調理場跡

夏の高山に登った折、写真①にあるように登山道でハイマツの実がバラバラになっているのを見たことのある人は多いと思います。これは、ホシガラス（写真②）がハイマツの実を解体し中の種子を取り出した場所です。同じ場所が何度も使われるので、ハイマツの残骸がうず高く残され、調理場と呼ばれています。

ハイマツが実るのは、8月のお盆過ぎです。この頃から秋の時期には、ホシガラスがこの調理場でハイマツの実を両足で抑え、鋭い嘴でハイマツの実を壊し、取り出した種子を喉の袋に詰めていますので、運が良ければその現場を目撃することもできます。

喉袋にハイマツの種子をいっぱい詰めたホシガラスは、その後飛び立って近くの開けた場所に行き、種子を吐き戻し、地面に隠す行動をしています。ホシガラスは、秋にハイマ

写真①　登山道に残されたホシガラスがハイマツの種子を取り出した調理場跡

写真②　白い水玉模様を夜空にきらめく星に見なしホシガラス（星鴉）と名づけられた

ツの実を収穫し、冬から翌年にかけての食糧にするための貯蔵行動をしていたのです。

ホシガラスの本拠地は亜高山帯針葉樹林

今から15年ほど前、北アルプスの乗鞍岳でホシガラスのハイマツ種子貯蔵行動について、当時信州大学修士課程の宮島怜子（旧姓中村）さんと一緒に、2年間にわたり調査したことがあります。

先ず解ったことは、ホシガラスは朝早くに下の亜高山帯からハイマツのある高山帯に上がって来て、夕方には亜高山帯に戻っており、一日中高山帯で過ごしているのではないことです。また、一年中高山帯で見られるのではなく、雪解けの始まった3月末から見られるようになり、ハイマツが実った秋に最もよく見られますが、高山帯が根雪となった11月以降には見られなくなりました。これらのことから、ホシガラスの生活の本拠地は、亜高山帯の針葉樹林であることがわかりました。

同じカラス科のカケスが標高の低い低山帯の落葉広葉樹の森に棲み、コナラ、ミズナラ等のドングリの実を貯蔵しているのに対し、ホショガラスは標高が高い亜高山帯の針葉樹林の森に棲む鳥だったのです。

真冬の針葉樹の森で繁殖

ホシガラスは、年間を通して亜高山帯の針葉樹林の森に棲んでいます。繁殖するのも針葉樹林の森の中です。日本でホシガラスの巣が最初に発見されたのは、1956年4月21日で、鳥類学者の清棲(きよす)幸保さんにより乗鞍岳の冷泉小屋（標高2500m）付近でオオシラビソの枝上に確認されました。その後は、1970年代初めに河辺久男さんにより志賀高原で、最近では西教生（のりお）さんにより浅間山で発見されています。しかし、これまでに発見された巣の数は、10巣にも届きません。

なぜ、発見されているホシガラスの巣は、これほど少ないのでしょうか。その理由は、この鳥は3月末頃に巣作りを始め、4月の中・下旬に産卵するので、繁殖する時期が早いからです。この時期、亜高山帯針葉樹の森はまだ一面の雪で覆われ、真冬の状態です。そのため、研究者がこの時期に森に入ること自体が簡単ではないからです。

針葉樹の種子食に適応した鳥

ハイマツは、年により豊作の年とそうでない年があります。豊作の年には、多くのホシガラスが高山帯にやってきますが、そうでない年にはまばらにしか見かけません。今年2019年は、南アルプス、北アルプスともに例年になくハイマツの実が豊作でした。そのため、どこからこんなに沢山のホシガラスが集まってきたのかと思うほど、多くのホシガラスを見かけ、長期間にわたりハイマツ種子の採集と貯蔵が行われていました。

ハイマツが不作の年には、亜高山帯でシラビソ、オオシラビソ、ゴヨウマツ等の針葉樹の種子を貯蔵しているようです。秋に実ったこれらの種子をどれだけの量を貯蔵できたかは、翌年の繁殖にも直結します。実際、雪深い亜高山の森で子育するホシガラスが雛に与えている餌は、主に前年に蓄えられた種子でした。

ホシガラスは、前年に蓄えた種子で子育てをするので、早い時期からの繁殖が可能なのです。早い時期の繁殖には、他の理由もありそうです。雪解けが終わる頃には、多くの夏鳥が亜高山帯の森に繁殖のために戻ってきます。また、そのころにはリスなど哺乳類の行動も活発になります。これらの動物に蓄えた種子を奪われないようにするには、早い時期の繁殖が有利と思われます。

ホシガラスが、針葉樹林の森の中でどこに種子を貯蔵しているのかは、まだよくわかっていません。積雪20～30㎝程度でしたら、ホシガラスは雪を掘って地面に蓄えた種子を取り出すことができます。しかし、１ｍから多い場合には数ｍの積雪となる森の中では、雪を掘って地上に隠した種子を取り出すことは不可能です。そのため、多くは樹上の洞や木の幹の割れ目等に貯蔵していると考えられています。

驚くべき場所記憶能力

ホシガラスのハイマツ種子貯蔵行動を調査した私たちが驚嘆したのは、この鳥の抜群の場所記憶能力です。この鳥が貯蔵した場所には印をつけ、蓄えた種子がいつなくなるかを調べました。結果は、蓄えた種子のほとんどは秋の終わりにはなくなっていたのです。ホシガラスは、高山帯にハイマツの種子が実ると急いで近くの場所にいったん貯蔵した後、それらの種子を後で取り出し、ほとんどを亜高山帯に運んでいたのです。多数にわたる貯蔵場所を一つ一つ正確に記憶しており、躊躇することなく次々に貯蔵していた種子を取り出していたのです。

ホシガラスにとって、貯蔵した場所を正確に記憶しておくことは、餌が得られない厳しい冬を生き残るため、また翌年の繁殖のためにも死活問題です。ですので、少しでも記憶能力が高い個体が長い時間をかけた自然選択を通し、現在の抜群の記憶能力を獲得したのです。

しかし、秋に蓄えられたハイマツの種子は、そのごく一部が忘れ去られ、翌年には芽吹いていました。ホシガラスとハイマツとは、一方は種子分散、他方は食物不足時の栄養供給にと、互いに利益を得るように長い進化の歴史を通し持ちつ持たれつの関係を確立してきたのでしょう。

海水を飲む鳥　アオバト

日本でのみ繁殖

アオバト（緑鳩）はほぼ全身が緑色で、雄の翼は赤紫色をした美しい鳩です（口絵写真11、写真①・②）。全長33㎝で、身近なキジバトとほぼ同じ大きさ。本州、四国、九州では年間通してみられる留鳥ですが、北海道では夏に訪れる夏鳥です。冬には北のものは南に移動し、南西諸島、台湾、中国では冬に訪れる冬鳥で、繁殖は日本に限られている鳥です。

この鳥の特徴は、姿とともに鳴き声です。「アーアオーアオー」などと聞こえる独特のゆっくりした声で森の中で鳴きます。開けた場所に出ることが少なく、繁殖期にはつがいで行動しますが、それ以外は単独または多い時には10羽ほどの群れでも行動し、姿はなかなか見ることのできない鳥です。緑色の姿が森の中では保護色で、そのうえ警戒心が強い鳥なので、なかなか出会うことがなく、じっくり見ることができない鳥です。

写真① アズキナシの木にとまる雄のアオバト

写真② 雪に顔を突っ込み、雪を食べる2羽の雌のアオバト

※写真は①②とも十日町野鳥の会　南雲敏夫氏撮影

広葉樹林に棲む

日本には10種類ほどの鳩が生息していますが、アオバトはカラスバトやズアカアオバトと同様、常緑広葉樹林や落葉広葉樹林に好んで棲息する森林性の鳩です。樹上に枯れ枝を集めて簡単な皿状の巣をつくり、乳白色の卵を2個産み、温めます。日本では比較的身近な森の鳥ですが、巣はまだ限られた数しか見つかっていなく、雌雄がどのように雛を育てるかといった繁殖生態はまだよくわかっていない鳥です。

主食は樹木の果実や種子で、ヤマザクラ、ナナカマド、ヒサカキ、マユミなどの実を好んで食べます。

海水を飲む

普段は森に棲む鳥なのですが、5月から10月の春から秋には海岸に群れで現れ、海水を飲むという奇妙な行動をすることが知られています。海岸に集まってくる場所はほぼ決まっていて、神奈川県大磯町照ヶ崎海岸、北海道小樽市白糠（しらぬか）町刺牛（さしうし）海岸の岩礁などがよく知られており、多い時には数百羽ほどが集まってきます。波打ち際の岩礁に集まってきたアオバトは、波と格闘するかのようにして集団で海水を飲むのですが、時には波にさらわれることもあるとのことです。また、ハヤブサなどの猛禽に襲われることもあります。

なぜ海水を飲むのか？

本来森に棲むアオバトが遠く離れた海岸に集まり、なぜ命の危険をも冒して海水を飲むのでしょうか。海水を飲んでも、水分の補給にはなりません。海水の塩分濃度（3.5％）は、体内の体液の濃度（0.9％）よりも高いため、海水を飲むと体内の塩分濃度が上がり、それをもとに戻すにはさらに余分の水分を必要とするからです。ですので、陸上に棲む動物の中で海水を飲む生き物は、人を含めて他にはいません。

ではなぜ、アオバトのみがあえて海水を飲むのでしょうか。その理由としてよく言われているのは、海水に含まれる無機栄養素のミネラルを補給するためというものです。その証拠に、海から遠く離れた内陸部に棲むアオバトもミネラルを多く含んだ鉱泉の湧き出し口に集まり、飲んでいます。そのような水飲み場は、群馬県上野村などいくつか知られています。

アオバトがミネラルを得るために海水や鉱泉を飲む理由については、この鳥は果実を主食とする特殊な食性と関係するとされています。

しかし、この説は、本当なのでしょうか？ 私は、以前からこの説に疑問を持っています。無機栄養素のミネラルは、多くの生き物にとって少量ですが必須の栄養素です。でも、先に述べたように、だからといって海水を飲む生き物はアオバト以外にいません。また、アオバトのように果実を主食とする鳥は、レンジャクの仲間など多くの種類の鳥がいますが、海水や鉱泉を飲むのはアオバトだけなのです。

繁殖と関係あるのか？

アオバトが海水や鉱泉を飲むのは、先にふれたように春から秋の時期で、冬の時期や越冬地ではこの行動は見られません。そのことから、この鳥の特殊な繁殖と関係するのではないかとも言われています。しかし、巣立った後の若鳥も夏から秋に海水を飲むことからこの可能性は低いと私は考えています。また、日本に生息する鳩の中で、アオバトだけが特殊な繁殖の仕方を持っているとも考えにくいからです。

海水は寄生虫の虫下し？

今年になってアオバトが岩礁に群れて海水を飲んでいる写真を雑誌で見ることがありま

した。その写真には、何羽かの個体が白く細長い線虫の寄生虫を尻から出している様子が撮影されていました。その写真を見て、アオバトが海水を飲むのは、この寄生虫の虫下しのためではないかと思いました。寄生虫とその宿主は、1対1の密接な関係を持っています。この寄生虫に長い間とりつかれてきたアオバトは、その対策として海水を飲む行動を獲得したのではないかと考えたのです。アオバトが海水を飲むときに、尾羽から下半身を海水につける「尾漬け」という行動が知られていますが、その行動の意味はこの寄生虫に対する対抗手段なのかもしれません。

この新たな仮説が正しいかを実証するには、アオバトとこの寄生虫の寄生関係を詳しく調査するとともに、この寄生虫が海水に弱いかといった様々な面からの検討が必要です。

＊　＊　＊

ですので、アオバトがなぜ海水を飲むかについての謎は、まだ解明されていません。鳥の行動の中には、このようにまだ解明されていない問題が多くあります。それらの行動を解明できたとき、動物の行動の理解に新たな知見をもたらしてくれます。また、中には人の生活に将来役立つ知見もあることでしょう。野外での地道な行動観察の意義は、こんなところにあると考えています。

頬に黒斑のないスズメ　ニュウナイスズメ

森に棲むスズメ

日本人にとって最も身近な鳥は、スズメと言って良いでしょう。都会から田舎まで、人の住んでいるところならほぼどこでも見られる鳥だからです。ですので、鳥に関心のない人でもスズメなら知っており、日本ではスズメを見たことのない人は皆無と言っても良いでしょう。

ところで、日本にはもう1種類のスズメが生息するのをご存じでしょうか。スズメが人の住んでいる周りに広く見られるのに対し、ニュウナイスズメの方は本州中部以北の森に棲み、人の生活場所からやや離れた場所に棲むため、日本ではあまり知られていないスズメです。

スズメとの区別点は、スズメの頬にある黒い斑（次ページイラスト参照）がニュウナイスズメにはない（写真①・②）点です。このスズメの頬にある黒斑（ニュウ）が無いこと

餌台に集まった頬に黒斑のあるスズメ

写真① 雪解け直後、木の根元に蒔いたヒエやキビを食べに来たニュウナイスズメの雄

写真② 雄と一緒に訪れたニュウナイスズメの雌。雌は目の上に太く白い眉班がある

が、ニュウナイスズメの名前の由来となっています。また、スズメは外見で雌雄の区別ができませんが、ニュウナイスズメの方は、一見して雄と雌の区別ができます（写真①・②）。雄の方は頭部と背面の一部があざやかな栗色をしているのに対し、雌は全体に薄茶色で、目の上に太い眉斑があります。

スズメとニュウナイスズメの棲み分け

スズメとニュウナイスズメは、繁殖している場所が異なっています。私が最初にニュウナイスズメを見たのは大学1年の時で、長野県の戸隠で行われた戸隠探鳥会でした。戸隠中社の集落内で見られたのはスズメでしたが、その先にある奥社参道の森の中で見ることができたのはニュウナイスズメで、両者は棲んでいる環境が異なっていました。

スズメの方は、戸隠だけでなく全国的に人の住んでいる街中や集落の家屋などの人工構造物の穴に営巣しています。それに対し、ニュウナイスズメが繁殖しているのは、森の中の樹洞です。当時戸隠探鳥会を主催していた恩師の羽田健三先生は、ニュウナイスズメの分布に興味を持ち、戸隠を含む長野県北部から新潟県にかけてのこの鳥の分布を調査しました。その結果、この鳥の繁殖分布は、年平均気温10℃のラインとほぼ一致し、それ以上気温の高い標高の低い地域には生息しないことから、このラインをこの鳥の学名からルティランス・ライン（Lutilans Line）と名づけました。また、ニュウナイスズメは、スズメのように村落内で繁殖することはほとんどなく、集落や農耕地に隣接した森で繁殖しますが、それらから離れた森の奥では繁殖していないことも見出しました。

ニュウナイスズメは、このように本州中部以北の山地にあたる日本海側の多雪地から北海道の平地で繁殖し、スズメとは繁殖する環境を違えて棲み分けているのですが、繁殖を終えると西日本の平地に移動し、スズメと同様に水田等の農耕地に群れで冬を過ごします。

ではなぜ、ニュウナイスズメは年平均気温10℃以下の多雪地の森で繁殖するのでしょうか。もっと温暖な本州中部の平地の森や西日本の森では、なぜ繁殖しないのでしょうか。この点については、まだよくわかっていなく、いまだ未解明の課題です。

スズメの仲間の鳥と人とのかかわり

スズメの仲間は、世界に15種類ほどがいます。日本の街中で見かけるのはスズメですが、ヨーロッパの街中で見かけるのはスズメではなく、イエスズメという別の種類のスズメです。ヨーロッパにも日本と同じスズメはいるのですが、ここでは街中ではなく郊外の森に棲んでいます。ですので、ヨーロッパのスズメは、日本のニュウナイスズメと同じような環境に棲んでいるのです。

ではなぜ、スズメの棲む環境が日本とヨーロッパではこのように違っているのでしょうか。長野県で先生をしながらスズメの研究を長年されていた佐野昌男さんによると、その原因は体の大きさにあるとのことです。イエスズメの平均体重は30gですが、スズメは24gです。ですので、両者が争ったとき、体の小さいスズメの方が負けるので、以前からいたスズメは後から侵入してきたイエスズメに街中から郊外の森に追いやられたのです。体の大きいイエスズメは、ヨーロッパだけでなく、東アジア、北アメリカ、オーストラリア、ニュージーランドなど世界の多くの都市に進出し、現在最も栄えているスズメなのです。

同じことは、日本のスズメとニュウナイスズメとの関係にも言えるとのことです。佐野さんによると日本の一部の地域では、スズメの棲んでいる集落にニュウナイスズメが入り込んでいますが、体重およそ20gのニュウナイスズメは、24gのスズメと争った時には負けてしまうため、ニュウナイスズメは集落の外の森に追いやられているとのことです。

イエスズメの日本への渡来

イエスズメは、ヨーロッパを含むユーラシア大陸に広く分布し、近年はロシア極東など日本の隣国まで分布を広げています。すでに、礼文島、利尻島、北海道の積丹半島、舳倉島、さらには沖縄などにイエスズメが日本に迷鳥として入ってきており、一部の地域ではスズメとの交雑も起きています。しかし、まだまとまった数の渡来は見られず、日本への定着は見られていませんが、いずれは日本で数を増やし定着することが予想されます。

日本にイエスズメが定着し数が増えたら、日本にもともといたスズメとニュウナイスズメはどうなるのでしょうか。イエスズメの群れが日本の集落に入ってきた時、スズメはイエスズメとの争いに敗れ、集落周辺の森に追いやられてしまうと考えられます。そうなったら、そこにもともと棲んでいたニュウナイスズメの方は、どうなるでしょうか。行き場を失い、絶滅してしまうのでしょうか。

＊　＊　＊

人間の社会と同様、鳥の社会でも種ごとの対立と競合は絶えず起きています。長い間には、互いの競争を回避するように棲み分けが確立されるのですが、その棲み分けも安定したものではないことを身近に棲むスズメたちが教えてくれます。

小さいが一夫多妻の鳥　ミソサザイ

渓流の小さな歌姫

ミソサザイは、全身がほぼ焦げ茶色をした体長11cmほど、体重は7～13gしかない小鳥です（写真①）。日本で最も小さな鳥は、体重3～5gのキクイタダキで、次は体重5.5～9.5gのエナガですが、それについで小さな鳥です。体は大変小さいのですが、この鳥の特徴はさえずりです。短い尾をビンと立て、体を震わせながら大きな口をあけ（写真②）、高音の良く響く大声で連続して鳴きます。里山では、雪のまだある2月ごろからさえずりを始め、春から初夏にかけ渓流沿いで美しい張りのある声を響かせるので、渓流の歌姫とも呼ばれています。また、体が味噌色のため、ミソッチョとも呼ばれ親しまれてきました。

九州から北海道に周年生息し、低山から高山帯まで広く繁殖していますが、高い山で繁殖する個体は冬には里に降りて越冬します。日本のほか、ヨーロッパ、西アジア、中央アジアからロシア極東部、中国、朝鮮半島、さらには北アメリカにと、北半球の温帯地域を中心に広く分布しています。小さいが存在感のある鳥ですので、世界的にも愛されてきた鳥です。

写真① 小さな体で短い尾をピンと立てた姿がかわいいミソサザイ

写真② 大きな口をあけ、よく響く大声でさえずるミソサザイの雄
※写真は①②とも長野県高山村在住　小杉春夫氏撮影

グリム童話などにも登場

日本では、古事記や日本書記にも登場します。ミソサザイの名の由来は、小さいことを意味するササイ（些細）に由来し、古くはサザキ、ササキ、ササギとも呼ばれていました。アイヌの伝承にも登場し、人を襲う熊と戦い、熊の耳の中に飛び込んで退治したという、知恵と勇気のある鳥とされています。

ヨーロッパでもグリム童話や民間伝承にたびたび登場します。グリム童話の「みそさざいと熊」の中では、鳥の王様として登場し、雛たちを侮辱した熊をやっつける、同じく知恵と勇気のある鳥とされています。

解明されたミソサザイの生態

古くから世界中から注目され、さまざまな逸話や伝承を残してきたミソサザイとは、どんな鳥なのでしょうか？　この鳥の生活や生態の実態については、1968年から1971年に信州大学の当時学生であった西沢惇と小堺則夫の両氏により解明されました。2人が調査したのは、長野県の志賀高原にある信州大学付属自然教育園です。志賀山の溶岩流によってできた起伏に富んだ地形がある標高1600mから1800mのコメツガやオオシラビソが優先した亜高山帯針葉樹林で調査しました。

冬の間、麓の人里で過ごしていたミソサザイは、3月初旬に繁殖地である志賀山の亜高山帯針葉樹林に戻ってきます。雄は、美しい張りのある大声のさえずりをすぐに開始し、直径300mほどのなわばりを確立します。雪解けが進む5月になると、雄はなわばり内にある大木の根が浮き上がってできた洞の奥、岩の隙間、倒木の根元などに巣づくりを始めます。雄は、コケや地衣類、小枝などを編んだ横に入口のある丸い巣を造りますが、雄が造るのは巣の外巣のみです。外巣ができると、雄はコケなどをくちばしに咥えて、さえずりとは異なるラブコールを発しながら、翼を広げた求愛行動を行い、雌を巣の方へ誘ってゆきます。雌は巣に出入した後、気に入らないとなわばりから出て行ってしまいます。ですが、雌がその巣を気に入ると、雄と交尾し、雌1羽で内巣造りを始めます。巣が完成すると一日に一卵ずつ3~6個の卵を産みます。卵を産み終えると、雌だけで抱卵を始め、16日後に雛が孵化します。孵化した雛を温め、餌を運ぶのも雌だけです。一方、雄は、雌に内巣造りを任せた後は、ほとんど巣の近くにいることがなく、巣から離れた場所でさえずりながら見守るだけでした。

一夫多妻の鳥

調査が進む過程で、ミソサザイは一夫多妻の鳥であることが明らかになりました。1971年に調査地になわばりを確立した10雄のうち、最も多い雄はシーズン中に4羽、次に多い雄は3羽、さらに2羽の雄は2羽の雌を得て繁殖したのです。これら一夫多妻となった計4雄以外の残り6羽の雄は、1雌を得て一夫一妻となった3雄とシーズンを通して雌を得られなかった独身の雄が3羽でした。

子育てを全く手伝わないミソサザイの雄たちがしていたことは、なわばり内のあちこちに外巣のみの巣を作り、さえずり続けることでした。どの雄も外巣のみの巣を造っており、4雌を得た雄は、計5個の巣をなわばり内に造ったうち、4巣がそれぞれ別々の雌に気に入られていました。

これらの結果から、雌は雄をあれこれ選んで結婚しており、雌に結婚の主導権があることが分かりました。雌は、雄のさえずりと雄が造った外巣のでき具合を見て結婚するかしないかを最終的に決めていたのです。

多くの雌を得る条件

雌が雄を選ぶ条件としてもう一つ、巣場所の条件も大きく影響していました。雌が雄の造った巣を気に入るには、洞穴内にある巣から外への出入り口は2つ以上あること、もう一つは洞穴の天井に造られた巣が地上より90㎝以上の高さにあることでした。これらの条件は、いずれもヘビなどによる捕食を警戒してのことと考えられます。

これらの条件を満たす営巣に適した場所は、平たん地より急傾斜地に多くありました。それをうらづけるように、多くの雌を得た雄は急斜面になわばりがありました。また、一夫多妻となった雄は、なわばり内の離れた場所に分散させて巣を造る傾向があり、雌は互いに一定の距離をとって繁殖し、巣を中心に行動し、雄のなわばり内を互いに分割するようにして子育てをしていました。さらに、雄のなわばりは、雌を得るたびに大きくなる傾向があり、なわばりの大きさとその中に入った雌の数とには、一定の相関もあることが分かりました。営巣に適した場所がいくつあるかといったなわばりの質の違いが得られる雌の数を決めており、質の悪いなわばりの雄は雌が得られないという結果をもたらしていたのです。

鳥の生態を深く知れば知るほど、直観や印象でとらえてつくられた逸話や伝承の世界とは異なった、より興味深い世界が見えてくるように思います。

幸せの青い鳥　ルリビタキ

瑠璃色が美しい雄

ルリビタキは、名前の通り瑠璃色をしたヒタキ科の鳥です。スズメほどの大きさですが、雄は体の上面が瑠璃色（青）、脇腹がオレンジ、喉から腹の下面が白の3色をした美しい姿をしています（口絵写真12、写真①・②）。それに対し、雌の方は瑠璃色なのは尾羽のみで、体全体が灰褐色をした地味な姿をしています。雌雄とも1歳で繁殖しますが、1歳の雄は雌そっくりな姿のままで繁殖します。雄は年齢とともに鮮やかな瑠璃色に姿を変えてゆき、立派な瑠璃色になるには3年、4年かかるとのことです。

幸福の象徴「青い鳥」

ベルギーの作家、モーリス・メーテルリンク作の「青い鳥」の童話では、チルチルとミ

写真①瑠璃色、オレンジ色、白のコントラストが美しいルリビタキの雄

写真②雪の降り積もった中、ヌルデの実を食べに来たルリビタキの雄
※写真は①②とも長野県高山村在住 小杉春夫氏撮影

チルの兄妹が夢の中で妖精に導かれて幸福の象徴である「青い鳥」を求めて幻想世界をさまよい歩くという物語があります。この童話により青い鳥は幸福の象徴とされてきました。国により青い鳥の種類は異なりますが、日本を代表する青い鳥がルリビタキです。他にもオオルリとコルリがいて青い鳥御三家と呼ばれていますが、いずれも鳥好きの人には大変人気の鳥です。ルリビタキ以外の2種は冬には南に渡るのですが、ルリビタキは年間を通して見られ、一番親しみやすいことから日本では最も身近な青い鳥と言えるでしょう。

亜高山の森で繁殖

ルリビタキが繁殖しているのは、日本では四国から本州、北海道にかけての亜高山帯の針葉樹林の森です。コメツガやオオシラビソといった常緑の針葉樹が優先した薄暗い森がこの鳥の繁殖地で、メボソムシクイとヒガラと共にこの森を代表する鳥です。夏に高い山に登ると、森の中からヒョロヒョロと聞こえる弱々しい声で鳴いている鳥がルリビタキです。

夏の間は、高い山の森で繁殖しているのですが、冬には低山や平地の森に下りてきて、市街地の公園でも見ることができます。九州など西日本の多くの地域では、冬に訪れる冬鳥です。夏の間は昆虫が主食ですが、冬には果実食に変わり、ヌルデの実を特に好んで食べます（写真②）。

雌雄が仕事を分担し繁殖

ルリビタキの繁殖生態については、信州大学教育学部の学生であった緑川忠一氏により詳しく調査されています。調査したのは、前回紹介したミソサザイの調査地と同じ長野県志賀高原の亜高山帯針葉樹林の森です。人が入ることがほとんどない、原生林の森です。ルリビタキがこの標高約１７００ｍの針葉樹の森に戻ってくるのは、残雪のまだ多い3月下旬から4月上旬で、この頃から雄のさえずりが聞かれるようになります。

雄がなわばりを確立し、つがいとなり、巣造りが始まるのは5月上旬以降です。巣は、岩や木の根にできた窪みや穴の中に、おわん形に造られます。巣の外側は主にコケにより造られますが、内側の産座はカモシカなどの獣の毛などで丸く造られます。巣材を集め、巣を造るのは雌で、雄は雌に付き添って行動しますが、巣造りを手伝うことはしません。巣が完成すると卵が4個か5個産まれます。卵を温めるのも雌で、雄は手伝いません。雌は卵を温めている間、短時間巣から出て自分で餌をとります。さらに、孵化したばかりの雛を温めるのも雌です。いかに雌がこの間に重労働を強いられているかがわかります。

けれども、雄はこの間ただ遊んでいたのではなく、多くの時間をさえずってなわばりを主張し、侵入者を追い払ってなわばりの防衛に必死だったのです。その雄も、雛が孵化すると巣に餌を運んできて、雌と一緒に雛を育てるようになります。雛が小さい頃は、雌雄が餌を雛に運んでくる回数は一日100回ほど、雛が巣立つ頃になると300回にもなりますが、回数は雌雄ほぼ半々でした。雛が孵化するまでなわばりを防衛していた雄は、雌だけでは雛を育てられない育雛期には、雌と協力し子育てに専念していました。

ルリビタキのように一夫一妻の鳥では、種類により雌雄で分担する仕事内容はそれぞれ異なりますが、雌雄どちらも分担した仕事に専念することで、互いに協力しあって繁殖しているのです。

気づかずに托卵鳥の雛を育てる

調査が進むと、ルリビタキはツツドリとジュウイチに盛んに托卵されていることがわかりました。1967年と68年の2年間に発見された計40巣のうち、7巣はツツドリ、他の7巣はジュウイチに托卵されていたのです。実に35％にあたる巣がこれらの托卵鳥に托卵されていました。これらの托卵鳥は、ルリビタキの産卵時期を狙い、巣を留守にしている時にこっそり卵を産み込みます。また、この時托卵鳥は、巣の中のルリビタキの卵を1個取り除き、代わりに1卵を産み込みます。

そのため、多くのルリビタキは托卵されたことに気がつかず、卵を温めてしまうのです。そうすると、托卵された卵はルリビタキの卵よりも1日ほど先に孵化します。先に孵化した托卵鳥の雛は、ルリビタキの卵や孵化したばかりの雛を背中に乗せて巣の外に出し、巣を独占することで、ルリビタキの親が運ぶ餌を独り占めしてしまうのです。

托卵される鳥の中には、種類によっては托卵された卵と自分が産んだ卵を識別し、托卵された卵を巣から取り除く賢い鳥もいるのですが、ルリビタキはそれをしません。また、托卵鳥が巣の中で大きくなり、巣立つ頃には自分の体重より5倍以上になり、自分とは似ても似つかない姿になるのですが、不思議なことにルリビタキは托卵鳥の雛を最後まで育て上げてしまうのです。

運よく托卵されることを免れても、地上に巣を造るために途中で卵や雛をテンなどの捕食者に食べられてしまう巣も多くあります。幸せの青い鳥とされ、幸福の象徴のように思われている美しい鳥ですが、その鳥自身は決して幸せな生活を送っていませんでした。自然界では、特定の種類の鳥だけが幸福をつかむことは、他の生き物との関係でありえないのです。

6章

夏に訪れる鳥

巣穴の入り口にとまるコムクドリの雄

森に棲む鳥の中には、秋には日本の森を離れて遠く外国の暖かい地域で冬を過ごし、翌年の春に繁殖のために日本の森に戻ってくる夏鳥と呼ばれる鳥がいます。平地や人里の森に棲む鳥ではコムクドリ、ブッポウソウ、奥山の森に棲む鳥ではアカショウビン、キビタキ、アカハラ、クロツグミ、オオルリ、サンショウクイなどです。これらの鳥は、日本での繁殖地と外国の越冬地の間を往復する渡り鳥です。それに対し、同様に秋には森を離れるのですが、外国までは渡らず、日本の標高の低い地域に移動して冬を過ごす鳥もいます。奥山の森で繁殖する、ウグイス、ミソサザイ、ルリビタキなどの漂鳥で、これらも繁殖地と越冬地を往復する夏に訪れる鳥です。

火の鳥　アカショウビン

森に棲む鳥

燃えるような赤いくちばしを持ち、体全体が赤く見えることから、火の鳥の異名を持つ鳥です（口絵写真3、写真①・②）。宝石ヒスイ（翡翠）と書かれるカワセミと同じカワセミ科の鳥で、カワセミが青翡翠に対しアカショウビンは赤翡翠です。飛んだ時には腰の部分の鮮やかな水色がよく目立ちます。

日本には夏鳥として渡来し、北海道から沖縄まで広く分布していましたが、今ではなかなか見ることができなくなった鳥です。カワセミは河川下流部の水辺に棲むのに対し、アカショウビンは河川上流部の渓流に棲む森の鳥です。

私がこのアカショウビンを研究することになったのは、１９８５年8月のお盆明け、長野市郊外にある人家の桜の大木で繁殖が見つかったからです。枝が途中で折れ、ぼろぼろ

写真① 火の鳥とも呼ばれるアカショウビンの雄

写真② 巣にいる雛に餌のカエルを運んできた雌

に朽ちた部分に自分で巣穴を掘り、5羽の雛を育てていました。この鳥が繁殖する時期としては、1か月以上遅れています。山の森での繁殖に失敗し、繁殖場所を求めて里に出てきて、この桜の大木を見つけ繁殖したものと思われます。

人家の庭木での繁殖

本来森に棲むこの鳥

が、里の開けた環境でどのように子育てをしているのだろうか？　さっそく、研究室の学生と調査を開始しました。巣の前にビデオカメラを設置し、巣への出入りを撮影すると共に、餌を捕りに出かける範囲、餌を捕る行動などを調査しました。

親が雛に運んだ餌は、ほぼ半分がアマガエルで、そのほかにヤマアカガエルを加えると、カエル類が餌の78％を占めていました。次に多かったのは、アブラゼミなどのセミ類が12％で、残りはカナヘビとフナでした。雛に運ばれた餌の8割は、魚類、両生類、爬虫類といった脊椎動物で、残りが昆虫類だったのです。

親鳥は、巣から70ｍにある雑木林からほとんどの餌を捕って来ましたが、巣から60ｍ離れた溜め池、さらにその先200ｍにある林からも餌を運んで来ました。餌の多くは、地上にいる動物です。地上近くの枝にとまり、飛びついて捕らえ、もとの枝に戻り、枝に叩きつけて殺した後、巣に運んでいました。この他、飛んでいるセミを空中で捕らえることもしていました。池では、電線から池に飛び込んでフナを捕らえていました。

短い観察でしたが、アカショウビンは、同じカワセミ科のカワセミやヤマセミといった魚を専門に食べる鳥とは異なり、水中から林床、さらには樹冠部で餌を捕り、多様な動物を餌としていることがわかりました。一週間後、雛は5羽とも無事に巣立ちました。

茅葺き屋根で繁殖

翌年、この鳥を研究する次のチャンスが訪れました。6月初めに研究室の卒業生から、戸隠でアカショウビンが繁殖しているとの連絡がありました。行ってみると、戸隠中社にある旅館の萱葺き屋根に巣穴を掘っていました。

戸隠は、野鳥の森として全国的に有名な場所です。中世には修験道の霊山として栄え、ハンノキやブナなどの豊かな森が今も残され、野鳥の宝庫です。しかし、アカショウビンが巣造りしていたのは、中社の参道に沿ってお土産屋や旅館がある、戸隠では最も人通りの多い場所でした。

朝早くから、茅葺き屋根の上や高い庭木の上にとまり大声で鳴くので、近くに住む人にすぐに知られることになりました。7月に入り雛が孵化してからは、旅館の2階の部屋を借り、そこから観察しました。また、雛の孵化後は、巣穴の前にとまり木を置きました。この仲間の鳥は、巣に入る前に近くにとまり様子を覗った後、巣に入る習性があります。こうすることで、ごく近くからの観察が可能となり、雌雄の区別や巣に持って来た餌の内容の確認が容易になりました。

巣に運ばれた餌は、最も多かったのはカエル類で全体の38%、次にイワナの22%でした。先の人家の桜の木での繁殖と同様、森の中や水辺で得られる脊椎動物、さらには昆虫類やサワガニ、ミミズといった多様なものでした。近くの旅館の池からキンギョも巣に運ばれ、池の金魚がすべて食べつくされました。

さらにこの年には、アカショウビンの巣がもう1巣、戸隠で発見されました。旅館の2階で観察中、戸隠で植物の調査をしている学生から電話があり、アカショウビンの巣を見つけたが、その木が今切り倒されているとのことでした。すぐに駆けつけましたが、その場に到着した時には、すでに木が切り倒された直後でした。巣の中には、木が倒れた時のショックで死亡した雛が4羽いました。奥社参道脇のトチノキの大木が枯れ、倒れる危険があるので、伐採したのでした。2羽の両親が、大きなヤマアカガエルをくわえたまま、いつまでもその場から離れようとしないのが何とも哀れでした。

さまざまな方言と伝承を持つ鳥

この鳥は、朝や夕方、また曇った日には日中も独特の「キョロロロロー」と尻下がりの声で鳴きます。この鳥が鳴くと雨が降るとの言い伝えがあり、戸隠では古くから「雨乞い鳥」と呼ばれるなど、日本各地で様々な方言で呼ばれ、伝承を持つ鳥です。その鳴き声から「ミズヒョロ」と呼ぶ地域もあり、水が欲しいという母の願いを聞かなかった娘が、嘆いて入水し、この赤い鳥になったという伝説もあります。日本人とは、古くから関わりの深かった鳥です。

森を追われる鳥

しかし、今ではこの鳥を見たことのある人は、鳥好きの人でもほとんどいないと言ってよいでしょう。それほど、全国的に数が減ってしまった鳥です。減った原因は、彼らの生息できる水辺の豊かな森の環境が日本から失われたからです。私が調査した2例は、いずれも繁殖のために必要な水辺の朽ちた大木が得られず、里に出てきて庭木や萱葺き屋根で繁殖した例でした。森から追われた彼らにとって、そこも決して住み良い場所ではないのです。四季を通して雨に恵まれた日本は、本来森の国でした。その森の国の環境にどっぷりとつかり、進化してきた鳥がアカショウビンです。この鳥の声を聞くたびに、私には、その声は個性的な鳥であるがゆえに環境の変化についてゆけず、森を追われることになった哀愁を帯びた悲しい声に聞こえました。

千年にわたり声と姿を取り違えられた鳥　ブッポウソウ

瑠璃色に輝く青い鳥

ブッポウソウという鳥をご存じでしょうか。ハトより少し小さな鳥で、赤い嘴と脚を持ち、太陽の光があたると瑠璃色に輝く美しい鳥で、「森の宝石」とも呼ばれています（口絵写真4、写真①）。前回紹介したアカショウビンが赤い鳥に対し、この鳥は青い鳥です。飛んだ時には、翼の白い紋が目立ちます。

東南アジアからオーストラリアにかけて分布する鳥で、日本には5月の初めに東南アジアから渡ってきます。かつては北海道を除く日本各地で繁殖していた鳥ですが、最近では数が減り、一部の地域を除いてほとんど見られなくなりました。現在、環境省のレッドリストでは、近い将来野生での絶滅の危険性が高い絶滅危惧ⅠB類に指定されている鳥です。

ブッポウソウ目、ブッポウソウ科の鳥で、前回のアカショウビンとは同じ目に分類され

写真① ブナの木の樹洞で子育て中のブッポウソウ

る鳥です。ロシアから朝鮮半島、中国、日本といった北の地域では、夏に訪れて繁殖する夏鳥ですが、インドから東南アジアの島々では一年中生息する留鳥で、オーストラリアでは９月から３月に訪れて繁殖する夏鳥です。

千年にわたり声と姿を取り違えられた霊鳥

この鳥が夜に「仏法僧」と鳴くと長い間信じられ、この名がつきました。しかし、今から83年前の１９３５（昭和10）年、夜に「仏法僧」と鳴く声の主を撃ち落してみると、ブッポウソウではなく、フクロウの仲間のコノハズクでした。千年以上にわたり声と姿が取り違えられてきたのです。そのため、今でもブッポウソウのことを「姿のブッポウソウ」、コノハズクのことを「声のブッポウソウ」とも呼んでいます。

この鳥は、古くから日本人と関わりを持ってきた鳥です。文献上で最初に登場するのは、平安時代初期に詠まれた詩です。特に注目されるようになったのは、高野山で修業していた弘法大使が、仏の教えの三つの宝（仏・法・僧）を一鳥の声に聞くと詠んだ漢詩からです。

閑林独座草堂暁、三宝之声聞一鳥　一鳥有声人有心　声心雲水倶了了　（性霊集）

この漢詩により、仏の教えを唱える貴い霊鳥として「仏法僧鳥」、「三宝鳥」、「念仏鳥」とも呼ばれ、以来千年にわたり実に多くの詩歌に詠まれてきた鳥です。色鮮やかなこの鳥が夜になると「仏法僧」と鳴くと、千年以上にわたり信じられてきたのです。

日本の森の環境に適応

ブッポウソウは、長野県にも以前には各地で繁殖していました。それが多くの場所で見られなくなる中、1983年に新潟県との県境にある栄村で新たな繁殖地が見つかりました。それを機会に、この鳥の生態を調査しました。栄村では、千曲川周辺の標高の低い地域に10つがいほどが、いずれも村落の裏山にあたる雪崩防止のために保護されてきたブナ林で繁殖しており、樹洞に営巣していました。ここでは、それまで知られていた神社仏閣の境内ではなく、この鳥本来の森の環境で繁殖していたのです。

ブッポウソウが雛に運んでくる餌を調査したところ、餌のほとんどは昆虫でした。多くは、コガネムシ、クワガタムシ、カミキリムシといった硬い外骨格を持つ昆虫で、餌全体のほぼ半数を占め、残りはセミやトンボなどでした。この鳥は、林内や林縁の農耕地等の開けた環境で得られる、さまざまな大型飛翔性昆虫を餌としていました。

四季を通して雨の多い日本は、本来、森の国でした。縄文時代以前のその森の国の時代、ブッポウソウは森に棲み、樹洞に営巣し、林内や林縁、さらには河川等の開けた環境で餌を捕って生活していたと考えられます。

その後、大陸から稲作文化が入り、平地の森や湿地は開墾されて水田となり、平地に開けた環境ができ、今日の里山環境が作られてきました。ブッポウソウは、その里山環境にもうまく適応し、栄えてきた鳥です。現在、栄村で見られるような里山環境で、かつては日本各地で繁殖していました。

森を追われ、神社仏閣に移り棲む

その里山環境は、近年燃料が薪や石炭から電気や石油に変わると共に過疎化が進み、開発が進むとともに失われ、この鳥の生息地が失われてきました。里山の森を追われたブッポウソウが次の繁殖場所として選んだのが、鎮守の森と呼ばれた神社仏閣の境内でした。境内には大木があり、その洞を使って繁殖するようになったと考えられます。

昭和初期には、日本各地の神社仏閣でこの鳥の繁殖が見られ、国や県、市町村の天然記念物に指定されました。しかし、指定された後、現在も繁殖が見られる神社仏閣はほとんどなくなりました。境内が駐車場などに変わり、周りが住宅地等に変わると共に、子育てに必要な十分な昆虫が得られなくなったためと考えられます。

ブッポウソウは甦るか？

現在、ブッポウソウは、長野県北部の栄村から新潟県から山形県にかけての標高の低い地域では、ブナ林で繁殖しています。それに対し、長野県南部の天龍村など、さらに四国や九州などでは主に橋などの人工構造物で繁殖しており、さらに岡山県や広島県などの中

写真② 巣箱で子育てするブッポウソウ

国山地では電柱で繁殖しています。しかも、いずれの地域でも、人が設置した巣箱で何とか繁殖を続けているにすぎません（写真②）。この鳥を絶滅させないためには、かつての豊かな里山環境を取り戻す以外にはないでしょう。

人が作り出した里の開けた環境に適応して栄えるスズメ、ムクドリ、カラスに対し、日本の森の環境の衰退とともに数を減らしてきたのが、前回紹介したアカショウビンであり、今回のブッポウソウなのです。我々日本人にとってかけがえのない何かを失いつつあることを、これらの鳥が暗示しているように思います。

桜の花の時期に渡来　コムクドリ

日本が主な繁殖地

コムクドリの名は、同じムクドリ科のムクドリよりも体が一回り小さいことからつけられました。体長は19㎝、体重は50から60ｇほど。ムクドリの方は、ほぼ年間を通して見られる留鳥に対し、コムクドリはフィリピンやボルネオ島など東南アジアで冬を過ごし、春に日本に渡ってくる夏鳥です。日本に渡ってくるのは、ちょうど桜の花の時期にあたる3月末から4月上旬ごろです。

雄は頭部が白く、頬に茶色の斑があり、体の上面は金属光沢のある紫色や紺色、黒色をしています（口絵写真6、写真①）。それに対し、雌は体全体が白っぽく、雄よりもずっと地味な姿です（写真②）。腰の部分が白く、飛んだ時に目立ちます。昆虫が主な餌で、サクランボの実やクワの実なども好んで食べる鳥です。

写真① 頭が白く頬に茶色の班を持つコムクドリの雄

写真② 体全体が白っぽく、雄に比べ地味な色の雌

コムクドリは本州中部以北で繁殖し、樺太と南千島でも繁殖しますが、日本が主な繁殖地の鳥です。西日本では、春と秋の渡りの時期に群れで見かけます。一方、ムクドリもアジアのみに棲息する鳥ですが、こちらは日本のほか中国にも分布しています。

林縁に棲み樹洞で繁殖

本州中部から北海道

にかけての落葉広葉樹林の山地で主に繁殖しますが、標高の比較的高い長野県や北海道など北の地域では、平地でも繁殖しています。林縁の林を好み、キツツキの古巣などの樹洞で繁殖しますが、長野県や北海道では住宅などの建物の隙間にも営巣するごく身近な鳥です。巣箱をよく利用しますので、鳥の子育ての様子を観察するには適した鳥です。

コムクドリの繁殖生態については、信州大学教育学部の学生であった牛山英彦さんが1963年と64年の2年間にわたり大学の構内で研究し、論文を発表しています。その研究により、この鳥の雌雄が巣を造り、卵を温め、孵化した雛を育てる仕事を分担し合い、どのように子育てをしているかが克明に明らかにされています。

千曲川河川敷の林で観察

それから60年近くが過ぎた今年の2020年、長野市郊外の千曲川でコムクドリの子育ての様子を観察してみました。ここは、私が30歳から50歳代半ばにかけてカッコウの托卵の研究をした場所です。河川敷内にはハリエンジュ、エノキ、サワグルミ等からなるうっそうとした林があり、そこは以前からコムクドリの繁殖地となっていました。

この河川敷の林にコムクドリが最初に渡ってきたのは4月上旬でした。中旬になると数が多くなり群れでも見られましたが、そのうちに雌雄2羽のつがいができ、つがいで行動するようになりました。

ムクドリとの巣穴をめぐる攻防

渡来から繁殖開始時期の様子を観察して驚いたことは、同じ林に棲むムクドリと巣穴をめぐって激しく争っていることでした。繁殖に適した樹洞は、限られています。留鳥のムクドリの方が先に巣穴を確保し、先に繁殖を始めているのですが、その巣穴をコムクドリが奪おうと激しい争いが繰り返されました。しかし、体が小さいコムクドリがいくら争っても、体の大きなムクドリの巣穴を奪うことは難しいようです。争うものの、コムクドリはムクドリの使っていない小さい穴の樹洞や条件の悪い樹洞を使うことに落ち着くようです。

アカゲラの古巣で繁殖を始めたコムクドリのつがいについて、巣の前にテントを張り、その中から観察することにしました。この巣穴は、地上1.6mの低い場所であるため、ムクドリが使わなかったのでしょう。

雌雄が協力して子育て

コムクドリのつがいが最初にしたことは、巣穴の中にあった前年の古い巣材を運び出し、外に捨てることでした。それが済み、イネ科植物の葉などを新たに巣穴に運び込み巣造を始めました。巣には5月上旬になってうすい青色の卵が5個産まれ、抱卵が始まりました。私が観察したのは、抱卵の途中まででしたが、牛山さんなどの詳しい調査によると、コムクドリが産卵する時期は5月～7月、卵の数は4～6個、抱卵日数は15日間程、雛が孵化して巣立つまでは約2週間とのことです。

古い巣材の運び出しや新しい巣材の運び込みは、雌雄ともに行っていました。巣の防衛も雌雄が協力し、巣に近づいたほかのコムクドリを追い払いました。雄がさえずる範囲も巣から15mほどの狭い範囲に限られ、ほぼその範囲内から巣材を採集していました。餌はその防衛範囲の外に出かけ、林内の樹冠部で主に捕っていました。卵を産み終えてからは、雌雄交代で抱卵し、雌が卵を温めている間、雄は多くの時間を巣の近くでさえずっていました。

コムクドリの雌雄が防衛していたのは、巣の周りの狭い範囲で、同種のほかの個体に対して排他的なわばりを確立していました。繁殖に関係した行動は、この狭いなわばり内でほぼ行われ、餌の多くはその外に出かけて得ていました。ですので、コムクドリは数つがいが近くに集まって繁殖することが可能なのです。このような繁殖形態は、ルース・コロニアル繁殖と呼ばれています。

多様な鳥の子育て

私の恩師信州大学教育学部の羽田健三先生は、研究室の学生の卒論研究テーマとして、一人一人に1種類の鳥を分担し、それぞれの鳥が巣造りから始まり雛を巣立たせるまで、雌雄がどのように仕事を分担し、子育てをしているかを調査させました。退職するまでの30年間に調査した鳥は80種類ほどになります。

それらの結果をみると、鳥の種類により産む卵の数、抱卵日数や育雛日数、巣造りや抱卵、育雛などの雌雄による分担の割合、雛に与える餌内容など、実に多様です。これら種類ごとの子育ての多様性は、それぞれの鳥が長い時間をかけた進化により確立された適応的なものであることは間違いありません。しかし、それらがどのような適応で、どのように進化したのかはまだほとんどわかっていなく、これからの研究課題です。

美しさを競う　キビタキ

落葉広葉樹の森に棲む

キビタキは、夏鳥としてほぼ全国に渡来し、平地から山地の落葉広葉樹林の森で主に繁殖する鳥です。体長は13.5cmほどの小鳥で、雄は翼に白班があり、目の上の眉班と腰が黄色、喉から腹にかけての橙色と黄色が特徴です（口絵写真5、写真①・②）。日本が主な繁殖地で、樺太や中国の一部でも繁殖し、冬にはボルネオ島などの東南アジアで越冬します。

長野県の戸隠高原には4月下旬から5月初めに渡来し、芽吹き前の森の中でオーシック、ポッポロリ、ポッポロリと聞きなされる声で雄がさえずります。5月上旬に毎年行なわれている戸隠探鳥会では、学生たちに最も人気があり、姿と声共に美しい鳥です。

日本を代表する美しい鳥

和名は黄色いヒタキ科の鳥という意味ですが、英名はナルシッサス・フライキャッチャー

写真①　黄色、黒、白のコントラストが美しい
キビタキの雄

写真②　なわばりに侵入した雄を威嚇する
※写真は①②とも長野県高山村在住　小杉春夫氏撮影

です。後半のフライキャッチャーは、飛んでいる虫を捕える習性を持つこの科の鳥の英名ですが、前半のナルシッサスは、この鳥の学名が水仙を意味するナルシシナ（narcissina）であるからです。明治期に日本で採集されたこの鳥の標本を手にしたオランダの鳥類学者コンラート・ヤコブ・テミンクが１８３６年に付けた学名です。ギリシャ神話にある水面に映った自分の姿の美しさに見とれ、泉のほとりで水仙になった美少年ナルシスを連想してつけた名といわれています。日本を代表する美しい鳥の一つと言って良いでしょう。キビタキは、日本では別名「東男」（アズマオトコ）とも呼ばれ、京女と呼ばれるオオルリと共に、美しい鳥を代表するとされてきました。

体色を競う雄

キビタキの生態については、１９６０年代半ばに戸隠高原奥社参道の森で当時信州大学の学生であった江崎良彦さんが調査しています。4月末から5月の連休に戸隠の森に戻ってきた雄は、残雪がまだ残る森の中で盛んにさえずり、なわばり行動を開始します。なわばりの直径は１００～１５０ｍほどの大きさで、5月中旬に雌が戻ってくる頃には、戸隠の森はほぼキビタキのなわばりで埋め尽くされます。

なわばり意識が強く、なわばりの確立にあたっては、雄同士が壮絶な争いを展開します。なわばり内に他の雄が入ってきたことに気づいた雄は、その侵入雄の近くに矢のように飛んで行きます。10～30㎝という近距離の枝上で、黄色い体色を相手に見せつけるようにしてにらみ合い、その後は2羽の追い合いに移り、なわばりから追い出すまで続けられます。

重労働を強いられる雌

なわばりが確立され、雌とつがいとなった後、巣造りが始まります。巣は地上から6mほどの高さにあり、いずれも枯れ木の樹洞に造られていました。巣場所を決め、巣材を運び、巣造りをするのは雌の仕事です。その間、雄は雌の後をついて回り、この頃に交尾が見られます。雌が巣造りしている間、雄は近くの木の枝にとまり、雌が出てくるのを待ちますが、巣を覗くことはありません。巣が完成すると雌は4個から5個の卵を産みます。

雛がかえるまでの12日ないし13日間、卵を温めるのも雌の仕事です。雌が卵を温めている間、雄は雌に餌を運んでくる種類の鳥が多いのですが、キビタキの雄はそれもしません。雌は1時間から長い場合には2時間卵を抱き続けるのですが、巣から出て餌を食べる時間は10分から20分に過ぎず、その間に空腹を満たすことになります。

孵化した雛は丸裸で、羽が生えていませんので、雌は雛が孵化した後も長い時間巣にとどまり、雛を温めることになります。

雛が生まれるまで子育てを手伝わない雄

雛が生まれると、雛に餌を運ぶ仕事が新しく増えますが、雌にはもうその余裕がありません。この段階になって初めて、それまで家庭をかえりみなかった雄も巣にいる雌と雛のために餌を巣に運んできます。最初の頃は、巣口に餌を運んできて雌に渡し、雌はそれを受け取って雛に与えます。

雛が大きくなると、雌も巣から出て餌をとってきて雛に与えます。その頃には、雄も餌を雛に直接与えます。成長に合わせて雛の食べる餌の量は増えてゆきます。巣立ち前日には、雌雄で合計198回巣に餌を運び、雄も雌も多忙な1日を過ごしていました。雛が孵化してから巣立つまでの12日間に雌雄が餌を巣に運んできた回数の合計は、ほぼ半々でした。捕食者が多い森の中で、短期間に雛を育てるには、雄の協力なしには無理なのです。

なぜ、キビタキの雄は美しい姿なのか

　このシリーズで何度も紹介してきたように、巣造りから雛の巣立ちまで雌雄が協力する鳥では、スズメやカラスに代表されるように雌雄の区別ができないほど共に地味な姿をしています。それに対し、雌だけで子育てをする鳥では、オシドリに代表されるように雌は地味な姿であるのに対し、雄は派手な美しい姿をしているのが一般的です。また、これらの鳥では、雌雄の関係は一夫多妻や乱婚であるものが多いのです。にもかかわらず、キビタキは一夫一妻であっても、なぜ雄は美しい姿をしているのでしょうか。

　その理由には、キビタキの餌が森に棲む昆虫であることが深く関係していると私は考えています。子育てに必要な餌を確保するには、なわばりの確保が重要で、雄はそのために多くの時間とエネルギーをかける必要があります。一方雌は、子育ての負担が大きいぶん目立たない地味な姿となり、なわばりを確保し、維持できる強い雄を選ぶ必要があります。争いに強い雄は、派手な美しい姿の雄という雌の選択が働いた結果、美しい姿のキビタキの雄が進化したのでしょう。いずれにしても、一夫一妻の関係を維持せざるを得ない条件のもとで、美しい雄が進化しえたケースと私は考えています。

7章

夜の森で活動する鳥

日中に休息し夜に活動するコノハズク

鳥の多くは日中に活動し夜に眠るのですが、中には夜間に活動し昼間に眠る夜行性の鳥もいます。森に棲む鳥では、奥山の森に棲むコノハズクがその代表です。フクロウの仲間の多くは夜行性ですが、フクロウのように雛を育てている時期には昼間も活動し餌を捕ることもあります。林内の開けた場所の地上に巣を造るヨタカも夜行性です。これらの鳥は、いずれも夜に活動し餌を捕ることに適応した鳥です。それに対し、トラツグミ、ホトトギスも夜に活動し夜にもよく鳴きますが、餌は日中に主に捕っています。トラツグミが巣にいる雛に餌を運んでくるのは多くは日中でした。多くの鳥は、繁殖期には日中にさえずるのですが、これらの鳥は夜にも鳴くことに適応した鳥なのです。

声のブッポウソウ　コノハズク

秘境　雑魚川渓谷のコノハズク

前章では、声と姿を千年にわたり取り違えられたブッポウソウ（姿のブッポウソウ）についてお話しました。今回は、夜にブッポウソウと鳴く声の主であるコノハズク（声のブッポウソウ、写真①・②）について紹介します。

私が最初にコノハズクと出会ったのは、新潟県との県境に近い長野県の雑魚川渓谷でした。雑魚川は、長野県から新潟県に流れる中津川の上流にあたる秋山郷から志賀高原に至る間の支流で、その渓谷は長野県内の数少ない秘境の一つです。長野県栄村でブッポウソウの調査を始めて7年目の1990年7月、秋山郷にブッポウソウ調査に訪れた帰り、志賀高原に抜ける雑魚川渓谷の林道を車で通った時のことでした。

夕方遅くなり、雑魚川渓谷にさしかかった時にはすっかり暗くなっていました。月明

写真①日中木陰で休むコノハズク。人が近づくと体を細め、木の葉に姿を似せる

写真②調査のため捕獲したコノハズク。握りこぶしと比較し如何に小さなフクロウかがわかる

かりに照らされた雑魚川渓谷の幻想的な景色に感動し、思わず林道わきに車を止めました。昼間の熱さとはうってかわり、あたり一面が冷気に包まれています。しばらく景色を眺めていると、近くから聞いたことのない鳥の鳴き声が聞こえてきました。よく聞くと、「ブ

ッ・ポー・ソー」と鳴いています。初めて聞くコノハズクの鳴き声です。栄村には、ブッポウソウだけでなくコノハズクも生息していたのです。

コノハズクの調査開始

翌年から、雑魚川渓谷でコノハズクについても調査することにしました。先ずは、どのくらいの数が生息しているかです。林道沿いに3㎞×1㎞の調査地を決め、その間の林道を夜に何度も歩いてまわり、鳴き声が聞こえた場所を地図に書き込みました。その結果、このわずかの距離の間に計16のなわばりがあり、極めて高密度に生息することがわかりました。

次は、どんな生活をしているかの生態調査です。夜行性のため、姿を見ることができません。捕獲して電波を出す発信機を装着し、電波を頼りに行動を調査することにしました。なわばり意識が強い鳥で、夜にこの鳥の声をテープで流すと、すぐに攻撃にきたので、カスミ網で捕獲しました。捕まえて、あまりにも小さなフクロウであることに驚きました。体重は70ｇほどです。体長は20㎝ほど、両手の平にすっぽり入ってしまうほどの大きさしかありません。声が遠くまで聞こえるので、もっと大きな鳥と思っていたのです。

コノハズクが行動する範囲は半径150ｍほど。ごく狭い範囲内で生活していました。日中は低木の藪の中で眠り、夕方から活動を開始し、夕暮れと明け方に特に活発に行動することがわかりました。ブナの樹洞で繁殖し、餌はガや甲虫です。4年間にわたる調査で、コノハズクの生態も解明できました。

ブッポウソウとコノハズクの垂直分布

コノハズクは標高の高い地域に、ブッポウソウは標高の低い地域に生息しているようです。そのことを確かめるため、当時研究室の学生であった笠原大弘君が卒業研究のテーマとして調査しました。彼は、栄村を含む北信地域一帯のすべての林道を夜に車でゆっくり何度も走り、コノハズクの鳴き声が聞かれた場所を調査しました。

その結果わかったことは、コノハズクが生息しているのは、人の手が入っていないほぼ原生状態のブナ林が今も残っている地域に限られていました。ブナ林が伐採された後にできたシラカバやミズナラ等の二次林、カラマツ、スギ等の植林地にはまったく生息していませんでした。

栄村では、ブッポウソウは標高の低い地域のブナ林に、コノハズクは標高の高い地域のブナ林に生息することが確認できましたが、一部の地域で両者の分布が重なっていることもわかりました。

なぜ、姿と声をとり違えられたのか

ブッポウソウとコノハズク両方の生態を調査し、なぜ姿、形、習性がこれほど異なる両者が千年にわたり取り違えられてきたのか、その理由がわかる気がしてきました。両者は一部の地域で分布が重なっていたからで、夜に「仏法僧」の声が聞かれるまさに同じ場所で、昼間にブッポウソウが飛び回っていたからです。過去の文献から両者の分布が重なっていたのは、標高６５０ｍ前後の地域と考えられ、高野山、比叡山、鳳来寺山など古くから詩歌に詠まれていた地域で両者の取り違えが起きたと考えられます。そう勘違いされたのは、ブッポウソウは、他の鳥と異なり、さえずりをしない鳥だったからです。一方、コノハズクは、きれいな声のさえずりをもっています。ですので、昼間飛び回っているきれいな姿をしたブッポウソウが、夜になると「仏法僧」とさえずると考えたのでしょう。

いったん勘違いされ、信じ込まれると、容易にはその間違いに気付くことはありませんでした。かつては、簡単には確かめる手段がなかったからともいえるでしょう。

明るい夜と引き換えにいなくなった鳥

多くのコノハズクが今も棲む雑魚川渓谷は、日本に残された貴重な森の自然の一つといえるでしょう。ここは、秋山郷から志賀高原に抜ける林道がある以外は、開発から免れた地域で、夜にはまったく明かりのない地域です。ここでは、今もコノハズクの他に、ヨタカ、ホトトギス、ジュウイチ、トラツグミといった夜に鳴く鳥の声をそろって聞くことができる場所です。かつては、このような場所は日本中に広く存在していたのでしょう。

ブッポウソウと共にコノハズクもまた数が減ってしまった鳥の代表です。かつての有名な神社仏閣でさえ、今もこの鳥の声が聞かれる場所はなくなり、現在は奥山の限られた地域でしか声を聞くことができなくなりました。コノハズクが減ってしまった原因は、豊かな森が失われたことと共に、人の住む環境が明るくなり、暗い夜が失われたため、この鳥の餌であるガや甲虫などの夜行性の昆虫が豊富に得られなくなったからと私は考えています。

アカショウビン、ブッポウソウ、コノハズクに共通するのは、いずれも日本の森の環境にあまりにも適応しすぎたため、人による環境の改変についてゆけず、今ではほとんど見ることができなくなった鳥であることです。

鵺（ぬえ）と呼ばれ恐れられた鳥　トラツグミ

虎斑模様をした鳥

トラツグミ（虎鶫）は、黄色地に黒の鱗模様のある鳥です（写真①・②）。ツグミ科の鳥ですが、体長は30㎝ほどあり、日本で見られるこの仲間では最も大きい鳥です。地上で落ち葉などを掻き分けてミミズや昆虫などを食べ、枯れ葉と同化した目立たない保護色をしています。雑食性で秋から冬には熟したカキなどの実も好んで食べます。

日本では留鳥または漂鳥として周年生息し、本州、四国、九州の低山から亜高山帯の森で繁殖しますが、北海道には夏鳥として訪れます。日本のほか、シベリア南東部から中国北東部、朝鮮半島で繁殖し、冬にはインド東部からインドシナ半島、フィリピンなどに渡って越冬します。

写真①　地上で餌をあさるトラツグミ。姿からは妖怪というイメージはない

写真②　木にとまるトラツグミ。姿は目立たない保護色の鳥

※写真は①②とも長野県高山村在住 小杉春夫氏撮影

里に棲み夜に鳴く

夏には亜高山帯の針葉樹林でも見かけますが、多くは標高の低い丘陵地や低山の落葉広葉樹林などの薄暗い森に棲息し、冬には市街地郊外の雑木林や市内の公園でも見かける身近な鳥です。

この鳥の特徴は、鳴き声です。繁殖の時期には、「ヒー」または「ヒョー」と聞こえる口笛を吹くような高い声でよく鳴きます。澄んだ声ですが、鳥の声とは思えない気味の悪い声です。しかも、夜に鳴くことが多く、夕方や早朝の暗い時間によく鳴きます。

鵺（ぬえ）と呼ばれた正体不明の妖怪

夜に鳴き、地味な鳥であることから、この声の主がトラツグミであることは長い間知られていませんでした。そのため、この声の主は鵺（ぬえ）と呼ばれ、妖怪であると長い間信じられ、恐れられてきました。古くは、「古事記」や「日本書紀」にも鵺の名で登場しています。鵺の声の主はトラツグミであることが分かったのは江戸時代と言われています。そのことから、トラツグミのことを今でも「鵺」とか「鵺鳥」と呼んでいます。

鳥とは思えない声で夜に鳴くことから、現在でも時々事件や騒動を起こします。山梨県のある地域では、夜に幽霊の声がするので、子供たちが夜にトイレに行けなくなったとのことです。また、女子大の寮の近くで毎夜口笛を吹く不審者がいるという通報が警察に寄せられました。さらに、神奈川県丹沢近くの温泉では毎晩ＵＦＯのような音がするという騒動があり、警察が調べたところトラツグミの声であることが分かったとのことです。

源頼政に退治された妖怪伝説

トラツグミの声が鵺という妖怪であると信じられ、かつてはいかに恐れられていたかを端的に示す事件があります。それが「平家物語」に出てくる源頼政による妖怪退治伝説です。平安時代末期の近衛天皇の世に、天皇が住む御所に毎晩のように黒雲と共に不気味な鳴き声が響き渡り、これを恐れた天皇が病になりました。薬や祈祷でも効果がないため、弓の名人の源頼政にこの妖怪退治が命じられました。夜半に不気味な黒雲が御所を覆い始めたので、頼政が動く影に向かって矢を射ると、悲鳴と共に妖怪が落下し、すかさず家来が取り押さえてとどめを刺しました。これにより、天皇の病はたちまち回復しました。

平家物語によると、その妖怪は、頭は猿、体は狸、手足は虎、尾は蛇の怪物で、その声は鵺のようであったと書かれています。この怪物には当時名がなかったのですが、後にこの怪物が鵺と呼ばれるようになりました。

その後、頼政に退治された妖怪の死体は、船に乗せて鴨川に流され、淀川下流やさらに海に出て芦屋の海岸に流れ着いたとされ、祟りを恐れた地元の人が鵺塚を造って弔ったとのことです。その鵺塚が大阪市豊島区と阪神芦屋駅近くの公園の一画に今も残っています。落ちた場所とされる京都上京区主税町にある公園の一画には、射落とされた妖怪を祭る鵺大明神の祠があります。この他にも、鵺の祟りを恐れて建てられた鵺塚が各地に残っています。

現代とちがい夜は月明かりだけだった時代、夜の闇の中から聞こえるトラツグミの声は恐ろしい妖怪を連想させ、さまざまな鵺伝説や逸話を残したと考えられます。

生態の解明に挑戦し果たせなかった鳥

トラツグミの詳しい生態は、今もわかっていません。私が50歳になったころに研究室の学生とこの鳥の生態や行動の解明に取り組んだことがあります。調査地として選んだのが軽井沢の湯川渓谷です。夜も活動する鳥なので、捕獲して電波を出す発信機を装着し、昼も夜も追跡調査できるようにしたいと考えました。

ですので、まず試みたのは、この鳥の捕獲です。いつも同じ地域で鳴いていますので、林の中にカスミ網を張りました。その近くにはテープレコーダーを置き、時々「ヒー」、「ヒョー」の声を流しました。なわばり内に他の個体が侵入したと思い、攻撃にきてカスミ網にかかることを想定したのです。

しかし、声を聞かせてもいっこうにカスミ網の近くには寄って来ないのです。遠くで鳴いているか網を張った林の上空を「ヒー、ヒョー」と鳴いて飛びまわるのみです。位置が低すぎると考え、滑車とロープを使ってカスミ網全体を樹冠部まで引き上げても、結果は同じでした。この方法で、同じ夜行性のコノハズクは簡単に捕獲できたのです。

何度試みても捕獲できず、2年間でこの鳥の研究を諦めました。一体、この鳥はなわばりを持っていないのだろうか？「ヒー、ヒョー」の声は、雌を呼ぶ意味しか持っていないのだろうか？夜にはどんな活動をしているのだろうか？私は、これまで様々な種類の鳥を研究してきましたが、トラツグミは私が研究に挑戦し、果たせなかった数少ない鳥の一つです。

掴みどころのない人や物事を鵺的な存在と言うことが今でもあります。私にとって、トラツグミは今も鵺的な存在のままです。私が解明できなかったこの鳥の謎を、将来解明してくれる若い人が現れることを願っています。

8章

托卵をする鳥

巣立ち直後のカッコウの雛に給餌するコヨシキリ

多くの鳥は、巣を造り、産んだ卵を温め、孵化した雛を育てますが、中にはこの大変な子育てを自分ではしなく、他の鳥にさせる鳥がいます。他の鳥の巣に卵をこっそり産み込み、育てさせる托卵という習性を持つ鳥で、日本にはカッコウ、ホトトギス、ツツドリ、ジュウイチの４種類がいます。世界に約１万種類の鳥がいますが、そのうち約１％にあたる１００種類の鳥が托卵という繁殖の仕方を進化させました。托卵は、日本に生息する托卵鳥のように雛が巣を独占するものから、宿主の雛と一緒に育てられるものまで多様ですが、これらのずる賢い繁殖の仕方がどのように進化したのかは、まだよくわかっていません。

子育てを他の鳥にさせる　カッコウ

春を告げる鳥

カッコウは、新緑の5月初めに日本に渡って来て、カッコウ、カッコウと爽やかに鳴き、春の訪れを告げる鳥です。よく通るその声は広く知られていますが、姿を見たことのある人は少ないようです。ハトほどの大きさで、体全体が灰色をした地味な鳥です（写真①）。渡来時期が毎年ほぼ決まっていることから、かつてはこの鳥の初鳴きが、種まきなどの農作業を始める時期の目安ともなっていました。

しかし、この鳥の鳴き声が日本で聞かれるのも7月末までの2ヶ月半ほどです。その時期を過ぎると雛を置いて南に先に戻り、一年の殆どを熱帯で過ごす鳥で、日本には繁殖のためだけにやって来る鳥なのです。

写真①　調査のため左右の翼に色の組み合わせを違えたリボンをつけたカッコウ

子育てを他の鳥にさせる

カッコウはこの爽やかな鳴き声とは裏腹に、自分では子供を育てず、他の種類の鳥の巣に卵をこっそり産んで、他の鳥に育てさせる托卵（たくらん）という習性を持つ鳥です。鳥の子育ては、巣をつくり、卵を産み、産んだ卵を温め、孵化した雛に餌を運んで育てるという、大変手がかかる仕事です。カッコウは、この大変な子育てを他の鳥にやらせてしまう、とんでもない習性を持った鳥なのです。

カッコウの托卵というずる賢い巧妙な習性は、なぜ、まどのように進化したのでしょうか。その問題を考えるにあたり、まずカッコウの托卵の仕組みを見てみましょう。

いかに相手をだますか　カッコウの托卵テクニック

カッコウは、托卵相手の鳥（宿主）の巣を巣造りの段階から様子を伺っています。託卵は、宿主が産卵をはじめた時期を狙い、素早く行われます。この時期に託卵しないとカッコウ卵の方が先に孵化しなく、託卵が成功しないからです。多くの鳥は朝の時間に産卵しますが、カッコウが托卵をするのは午後のしかも夕方に近い時間帯です。この理由は、宿主は夜に備え夕方に餌を捕りに出かけ、巣を留守にすることが多いからです。托卵は、宿主が巣を留守にした時を狙って、数秒間に行われます。素早く托卵する理由は、托卵の瞬間を宿主に見つかったら巣が放棄され、カッコウ卵が巣の外に出されてしまう可能性が高くなるからです。托卵は、多くの場合巣の中の卵を1卵取り除いた後に行われます。

宿主が托卵に気づかずに抱卵を開始すると、カッコウ卵の方が宿主の卵よりも1日か2日早く孵化します。孵化したカッコウの雛は、丸裸で、目もあいていません。にもかかわらず、背中の窪みに宿主の卵を乗せ、巣の外に放り出す行動を開始します。この行動は、孵化後2・3日間のみで、その時期が過ぎると窪んでいた背中は盛り上がり、普通の鳥の背中に変わるのです。巣を独占したカッコウの雛は、大きな赤い口と餌ねだり声で宿主を操り、餌を運んでこさせ、急速に成長します（写真②）。巣立つ頃、カッコウの雛は、宿主の2倍から6倍ほどの大きさになり、育ての親とは似ても似つかない姿となります。し

写真② 巣に入りきらなくなったカッコウの雛に飲み込まれそうになって餌を与えるオオヨシキリ

かし、不思議なことに、今のところ日本のどの宿主もカッコウの雛を最後まで育ててしまうのです。

ずる賢さに魅せられてカッコウの研究に

私が鳥の研究を始めたのは、信州大学教育学部に入学してからです。卒業論文の研究テーマとして選んだ鳥がカワラヒワでした。その後、京都大学理学部の大学院に進学し、この鳥の研究を続けました。カワラヒワの学位論文をまとめている時に出会った本が、イギリスの鳥類学者 Ian Wyllie 著「The Cuckoo」でした。この本を読んで、カッコウの托卵の巧妙な仕組みとそのずる賢い行動がどのように進化したのかに興味を持ち、次の研究テーマに決めました。

その後、信州大学に助手として戻った私は、長野市郊外の千曲川を調査地に、カッコウの托卵研究を開始しました。千曲川で多くのカッコウを捕獲し、左右の翼に色の組み合わせを変えたリボンをつけて個体識別ができるようにし（写真①）、一部の個体には電波を出す発信機を装着し調査しました。

発信機を装着した調査から最初にわかったことは、カッコウは森に棲む鳥であることでした。カッコウは、千曲川やその周辺の農耕地にある高い木の上でさえずっていますので、この鳥は開けた環境に棲む鳥と思っていました。ところが、調査してみるとカッコウは一日中千曲川にいるのではなく、日中の多くの時間や夜間には近くの山の森で過ごし、餌も森の中でとっていたのです。カッコウは、托卵のためにだけ千曲川などの開けた環境に出てくる鳥だったのです。

千曲川での調査開始以来、私は30歳の始めから50歳半ばまでカッコウの研究を続けることになり、カッコウの托卵研究は私のライフワークの研究となりました。25年間ほどにわたるカッコウの托卵研究から見えてきたことは、カッコウはずるくないということでした。

カッコウは、ずるくない

研究が進み托卵の実態がわかるにつれ、カッコウの托卵は最初に考えていたほど効率の良いものではありませんでした。托卵しようと巣に近づけば、猛烈に攻撃されます。また、何とか托卵できても、相手に自分の卵でないことを見破られ、巣から取り除かれてしまいます。こんなことなら、自分で子供を育てた方が確実と思えました。

しかし、だからといってカッコウはかつてのように自分で子供を育てる道に今更戻れません。いったん托卵という悪の道に入ったカッコウは、悪の道を突き進む以外になく、宿主の反撃を乗り超えるために、現在見られるような巧妙な托卵のテクニックを進化させたのです。そう考えると、カッコウの托卵は進化の産物であり、自分で子供を育てるのと同等の繁殖の仕方なのです。

托卵する鳥は鳥の中の1％

世界には約1万種類の鳥がいます。そのうちカッコウのように托卵習性をもつ鳥は、1％にあたる100種類のみです。99％の鳥がまじめに子育てをしているので、1％の托卵という悪が存在可能なのです。同じことは、人間の社会にも当てはまります。いつの時代にも悪人が存在するのも、実は同じ理由なのです。違うのは、悪人はいずれは警察に捕まり、次の世代には引き継がれない点です。

万葉人(びと)に愛された鳥　ホトトギス

夏を告げる鳥

ホトトギスは、インドや東南アジアで冬を過ごし、5月下旬に日本にやってくる夏鳥です。屋久島以北に生息し、九州や北海道では数が少ない鳥です。本州中部では平地から亜高山帯まで広く生息します。日本のほかアフリカ東部、マダガスカル、インドから中国南部にも分布。姿・形はカッコウとよく似ていますが、体重はカッコウのほぼ半分で60gほど。ヒヨドリほどの大きさです。雌雄同色の地味な鳥ですが（写真①・②）、この鳥の特徴は鳴き声です。渡来当初から「トッキョキョカキョク」（特許許可局）などと聞きなされる独特の鋭い声で昼も夜も鳴きます。高い木の梢で鳴く他、飛びながらもよく鳴きます。

渡来時期がほぼ毎年同じで卯の花が咲く夏の初めであることから、日本では夏を告げる鳥とされ、田植えの時期を告げることから「時鳥」、「早苗鳥」、「しでの田長」、「卯月鳥」

など様々な名で呼ばれてきました。

写真① 志賀高原の北のカヤノ平で、カッコウ調査中にカスミ網で捕獲したホトトギス

写真② 姿・形はカッコウによく似ているが、ヒヨドリほどの大きさしかないホトトギス

托卵習性をもつ

ホトトギスは、カッコウと同じ仲間の鳥で、ほかの種類の鳥の巣に卵をこっそり産み、育てさせる托卵という習性をもつ鳥です。カッコウの方は、様々な種類の鳥に托卵しますが、ホトトギスが托卵するのはほとんどがウグイスの巣で、ウグイスの卵とそっくりなチョコレート色の卵を産みます。ウグイス卵より少し大きい以外は、あまりにもそっくりな卵であるため、カッコウ卵にみられるように自分の卵でないことを見破られて排斥されることはほとんどないとのことです。

ホトトギスがウグイスに托卵することは、日本では古くから知られており、奈良時代の末期に編纂された万葉集の中に、すでにそのことが詠まれた歌があります。

万葉集に最も多く読まれた鳥

日本最古の歌集である万葉集には、鳥を読んだ歌が６００首ほどありますが、そのうち１５３首がホトトギスを詠んだものです。２番目に多いウグイスが50首ほどですので、いかにホトトギスが多く詠まれているかがわかります。万葉人にはホトトギスは夜に鳴く特別な鳥で、その年に初めて聞く声は忍音(しのびね)として珍重され、声が聞こえるのを待ち望む様子が多く詠まれています。また、何かを訴えるようにけたたましく鳴くその声に、恋の思いを重ね合わせた歌も多くあります。声を待ち望み、声を聞いて心乱される当時の人々の複雑な心境が読み取れます。

さらに、平安時代に書かれた「枕草子」にも、人よりも早く初音を聞こうと夜を徹して待つ様が描かれています。奈良から平安の時代には、日本人にとってこの鳥は特別な存在であったことがよくわかります。

様々な漢字表記をもつ

ホトトギスは、様々な漢字表記と呼び名を持つことからも、かつて日本人にとって身近な特別な存在の鳥であったことが分かります。杜鵑、杜宇、不如帰、蜀魂等は、中国の蜀の時代の皇帝にまつわる伝説によるものですが、その他にも思帰、子規、時鳥、田鵑、霍公鳥、沓手鳥、布谷、山郭公など20種類ほどの漢字が使われてきました。

日本人のホトトギスへの関心は、少なくとも明治時代までは続き、日本の歴史の中で様々な詩歌、俳句、小説等にたびたび登場してきました。よく知られている江戸時代に詠まれた戦国武将の織田信長、豊臣秀吉、徳川家康の性格の違いを読んだ句も、ホトトギスを題材にしています。

明治を代表する文学者の正岡子規は、結核を患ったことから、口の中が赤く、「鳴いて血を吐く」といわれるホトトギスと自分を重ね合わせ、この鳥の漢字表記「子規」を自分の俳句の号としています。また、同じ時期に創刊された俳句の文芸雑誌の名も「ホトトギス」です。さらに、明治期に活躍した文豪徳富蘆花を代表する小説にも「不如帰」があります。

森に棲み広い行動圏を持つ

私は、30代の初めから50代にかけ、長野市郊外の千曲川でカッコウの托卵を研究しましたが、その研究が終わりかけた頃、戸隠高原でホトトギスの調査にも取り組んだことがあります。カッコウの調査と同様に、カスミ網で何羽かを捕獲し、背中に電波を出す発信機を装着してこの鳥の行動を追跡調査し、托卵生態を解明しようとしたのですが、果たせませんでした。

行動圏が思いのほか広く、森の中では行動の観察が難しかったからです。しかも、夜も活動します。カッコウの場合にも行動圏は広かったのですが、繁殖行動は昼間に千曲川という開けた環境で行い、採食と夜のねぐらは山地と分かれていたため、調査しやすかったのです。それに対し、ホトトギスの場合にはどこで托卵をし、どこで採食しているかがつかめず、2年間で諦めました。ホトトギスは、私の50年間にわたる様々な種類の鳥の研究の中で、成果を得られず途中で諦めざるを得なかった数少ない鳥です。

現在は忘れ去られつつある鳥

日本人にとって、かつて特別な存在であったホトトギスも、現在ではそうでなくなってしまったようです。今よりもずっと自然が豊かであった古代から中世には、自然はもっと身近な存在で、人々は移り行く四季の変化を現在の私たちよりもずっと敏感に感じて暮らしていたからこそ、ホトトギスに特別な思いをいだいていたのでしょう。それが現在では、この鳥の声を聞く機会さえほとんどなくなってしまいました。数が減ってしまったこともその一因と考えられますが、身近な自然への関心が薄れたことで、今では普通の鳥になりました。

現在は、ホトトギスに代わりカッコウの方がよく知られています。昼間に鳴き、声も音楽的なので、現在では好まれるのでしょう。その変化を象徴するように、日本に生息する托卵鳥4種は、以前はホトトギス目ホトトギス科でしたが、現在ではカッコウ目カッコウ科に変更されました。

9章

冬に訪れる鳥

冬の餌場を訪れたミヤマホオジロの雌

夏鳥とは逆に、冬の時期に日本を訪れ、日本の森で冬を過ごす鳥がいます。アトリ、マヒワ、キレンジャクやヒレンジャク、ミヤマホオジロなどです。これらの鳥は、日本では繁殖していなく、中国北部、シベリアやカムチャッカ半島といった北方で繁殖する渡り鳥です。このほか、日本の奥山で繁殖し、冬には平地や里山の森、さらには市街地の公園等で冬を過ごす鳥もいます。ウグイス、ミソサザイ、ウソ、ルリビタキなどの漂鳥で、平地や里山から見ると冬に訪れる鳥です。奥山から見れば夏に訪れる鳥ですが、平地や里山から見ると冬に訪れる鳥です。さらに北海道で繁殖し本州以南で越冬するベニマシコ、シメも北海道では夏鳥ですが、本州以南では冬に訪れる鳥です。

嘴の大きな種子食の鳥　シメ

冬に訪れる孤独な鳥

シメという鳥を野外で見たことはないでしょうか（写真①・②）。ずんぐりした鳥で地味な姿をしていますので、あまり知られていない鳥です。北海道で繁殖し、冬には南に渡りますが、本州には冬に訪れます。人里の雑木林、人家付近の疎林の他、町中の公園でも見かけます。渡りの時以外は群れをつくらず、常に単独で行動している孤独な鳥です。あまり鳴くことがなく、時おりチッとかツッと聞こえる鋭い声で鳴くので、この鳥の存在に気づきます。餌台にもよく訪れる鳥ですが、攻撃性が強く、スズメなど他の鳥を追い払い、餌台を独占してしまうことがよくあります。

この鳥の特徴は、何と言っても大きな嘴です。その大きな嘴をささえる頭も大変大きく、尾は短いので、体全体がずんぐりした感じです。姿や形だけでなく、単独で行動し不意

写真① ずんぐりした体つきで、どこか愛嬌のあるシメの雄

写真② 雄より体が白っぽく、大きな嘴が一層目立つシメの雌

に姿を現す習性など、きわめて個性的な鳥です。

フィンチと呼ばれる種子食の鳥たち

この鳥はなぜこんなに大きな嘴をしているのでしょうか？その理由は、木の実の硬い種子を割って食べるためです。繁殖の時期には昆虫を食べますが、それ以外の時期はエノキ、ムクノキ、カエデ類等の種子を餌としている鳥は、シメ以外にも日本には多く生息し、その代表がアトリ科と呼ばれるグループの鳥です。シメの他、カワラヒワ、マヒワ、ベニマシコ、ウソ、アトリ、イカルなど16種類の鳥がいます。これらのうち、カワラヒワ、マヒワ、ベニマシコ等小型の鳥は、比較的小さな嘴をもち主に草の種子を食べるのですが、大きな嘴の鳥ほど樹木の種子を食べる傾向にあり、シメよりさらに体が大きく嘴の大きなイカルは、ヌルデの種子など大きな硬い種子を嘴で割って食べます。中にはイスカのように嘴の先が曲がっていて、松毬（かさ）をこじ開け、中の種子を取り出すのに適した嘴を持つ鳥もいますが、多くの鳥では嘴が短く丸みを持っていています。嘴の大きさはそれぞれの種類により違っているのですが、形はよく似ています。

種子食に適応した鳥は、アトリ科の他にもいくつかのグループがあります。ホオジロ科、ハタオリドリ科、カエデチョウ科、フウキンチョウ科などの鳥で、嘴の形は短く丸みを持ち、アトリ科の鳥の嘴とよく似ています。これらのよく似た嘴を持つ鳥は、一般にフィンチ（finch）と呼ばれています。

鳥の特徴の一つは、嘴を持っていることです。哺乳類のように歯を持たず、食べたものを口の中で細かくすることができませんので、鳥は嘴の形や大きさがどんな餌を食べているかを端的に示しています。ですので、慣れてくると嘴を見ただけで、鳥の名前がわかるほどです。

進化論とダーウィンフィンチ

フィンチと呼ばれる短く丸い嘴を持つ鳥の中に、フウキンチョウ科のダーウィンフィンチがいます。南米原産の小鳥ですが、その一部が太平洋に浮かぶガラパゴス諸島にたどりつき、島ごとに異なった嘴を持った鳥が進化しました。チャールズ・ダーウィンが、このガラパゴス諸島に立ち寄り、この島ごとに異なった嘴を持つダーウィンフィンチを観察したことが、進化論を思いつく一つのきっかけとなったとも言われています。

大陸から離れた海洋島に到着したこのフィンチの祖先は、ガラパゴス諸島には競合する他の種や近縁種がいなかったので、単一の祖先から様々な形態の嘴を持った計13の種が誕生しました。サボテンなどの硬い種子を割るのに適した大きな嘴の種から小さな嘴を持った種、さらには昆虫を食べるのに適した細い嘴を持つ種などが進化したのです。生物の進化は、一つの種がしだいに複数の種に分かれることを繰り返すことで起こったと考えられますが、このような顕著な種分化の例は、適応放散と呼ばれています。ガラパゴス諸島には、先住者がいなく、未利用の空間や餌資源が存在し、沢山のニッチ（生態的地位）が空いたままだったので、適応放散が起きやすかったのです。

適応放散が生み出した生物多様性

適応放散の例は、現在では様々な動物、さらには植物でも知られています。鳥では、ハワイ諸島に棲むミツスイ科の鳥の例が最も顕著な例として有名で、この島々にたどり着いた祖先種から、実に様々な嘴の形態をした種が分化し、その数は40種類以上にもなります。哺乳類では、オーストラリア大陸に棲む有袋類の例があり、他の大陸から長い間隔離されていたため有袋類の祖全種から実に多くの種が分化しました。フクロオオカミ、フクロギツネ、フクロモモンガ、フクロモグラなどです。

適応放散の結果として、異なる地域に棲む異なる系統のものが、長い間似た生活をすることで、互いに似通った姿になることがあります。この現象を収斂（しゅうれん）と言い、そのような進化を収斂進化と言っています。また、この場合には異なった場所で同じ方向への進化が起きたと考えられるので、平行進化とも言っています。さらに、異なる地域で似た生活をすることで、互いに似通った姿になったもの同士を生態的同位種と呼んでいます。

視野をさらに広げ、地質学的な視点から見ると、地球上での生物の進化の歴史そのものが適応放散の歴史と見ることができます。今から40億年前に原始の海で誕生した生命体は、最初に海で進化し、その後その一部が陸上に進出し、陸上でも進化を遂げました。その生物進化の過程そのものが、地球上に新たな生活空間と資源を求めての適応放散であり、現在地球上に見られる多くの生き物からなる生物多様性は、その適応放散の産物とみることができます。

地球上のすべての生き物は、多様な生物が時間をかけて創り出してきた複雑なネットワークを通して生きながらえてきました。それが、最近では人間によりその多様性が急速に脅かされています。

＊　＊　＊

大きな嘴を持って飛び回る個性豊かなシメを見ていると、自然の仕組みや進化についての思いを彷彿させてくれます。身近な鳥の観察から、かけがえのない1種ごとの命の大切さを改めて感じずにはいられません。

冬に訪れる上品な鳥　ミヤマホオジロ

新たに始めた餌場での鳥の観察

信州大学の学生の時から鳥の研究を50年以上にわたり続けてきた私は、大学を退職してから新たに始めたことがあります。それは、冬の時期に家の近くに餌場を造り、そこに集まる野鳥を観察することです。最初は、家の庭に餌台を置きそこに集まってくる鳥を観察していたのですが、翌年からは家の近くの林に餌場を移しました。林の中の方がより多くの種類の鳥が集まってくるからです。

私の自宅は、長野市郊外にあたる飯綱高原の麓にあります。周りにはリンゴやモモの果樹園、畑、雑木林、カラマツ等の植林地が散在する昔からの里山環境が今も残る場所です。餌場にしたのは、家から数分の所にあるコナラやクヌギが優占した雑木林内にあるヤマザクラの大木の下です。そこに地面から1ｍほどの高さの杭を打ち、その上に50㎝四方の餌台を設置しました。また、その餌台の下の半径1mの範囲内の落ち葉等を取り除き、地面にも餌を置けるようにしました。

餌台やその下の地面には、キビ、ヒエなど市販されている小鳥用の餌、ヒマワリの種子、熟しきったカキ、リンゴなどを置いたほか、餌台の周りにも高さ3mほどの枯れ木を立て、その枝にもカキやリンゴを吊るしました。さらに、餌台近くの高さ5mほどの木の幹には、金網で包んだ牛の脂身（ラード）も取り付けました。鳥の種類により餌の好みがあり、また、餌を食べる地上からの高さにも好みがあるからです。

野鳥にとって食べ物が最も不足するのは冬の時期です。雪が積もる12月中旬から餌場を設置し、翌年の3月初めまでの約3か月間、餌場にこれらの餌を置きました。

冬の憩いの場となった餌場

餌場には、私が予想していた以上に多くの種類の鳥が集まってきました。餌台の上やその下の地面に撒いたヒマワリの種子を食べに集まってきた鳥は、カラ類のシジュウカラ、ヤマガラ、コガラ、ヒガラのほか、ゴジュウカラ、アトリ、カワラヒワ、シメ、イカルです。キビやヒエの餌には、ホオジロ、カシラダカ、スズメ、キジなどが集まり、カキやリンゴには、エナガ、メジロ、ヒヨドリ、シロハラなどが集まってきました。さらに木の幹に設置したラードには、アカゲラ、アオゲラ、コゲラといったキツツキ類、さらにカラ類も集まりました。

餌場のある林は、これらの鳥が集まる鳥だまりの場となり、餌場には朝から夕方まで次々に鳥が訪れ、一冬を通して鳥たちの食堂となり、憩いの場所となりました。その餌場の近くにテントを設置し、餌場に集まってきたこれらの鳥をテントの中から観察できるようにしたのです。また、餌場の近くに赤外線センサーカメラも設置し、カメラが鳥を感知するたびに15秒間ほど映像を撮影しました。

こうすることで、時間が取れる時はいつでも餌場のテントに籠って、間近から鳥を観察し、楽しむことが可能となりました。餌場を訪れた鳥たちは、警戒することなく、争い、羽繕い、時には求愛行動など様々な行動を目の前で見せてくれます。寒さも忘れ、次々に餌場を訪れる鳥を数時間にわたり観察することもありました。また、時間が取れない時には、撮影された映像を家で見て楽しむことができました。

現職の頃にも、餌場に鳥を集めることは何度かしたことがありましたが、その目的は鳥を餌場で捕獲し、足輪を付けて個体識別ができるようにする研究のためでした。ですので、鳥を餌場に集め、純粋に鳥の行動や姿を楽しむという試みは、私の鳥の研究人生の中では初めてのことです。

優雅で気品のある鳥　ミヤマホオジロ

餌場に訪れた鳥の中で私を特に喜ばせてくれたのは、ミヤマホオジロでした（口絵写真1、写真①・②）。日本には冬の時期にだけ訪れる、見るチャンスが少ない鳥です。これまでにも何回か野外で観察した経験はあるのですが、こんなに近くから見たことはなく、この鳥がこんなにきれいな姿をした魅力的な鳥とは思っていませんでした。雄は、時々頭の羽を三角形に逆立て、目の上から後頭部の鮮やかな黄色を見せてくれます。嘴の下の部分も黄色で、目の周り、前頭部、胸の黒とのコントラストが際立つ美しい姿の鳥です。一方雌は、黄色みは薄く、黒ではなく茶褐色をしています。学名は Emberiza elegans で、elegans の種名の通り、上品で気品のある鳥です。餌場には12月下旬に姿を見せ、2月中旬まで滞在しました。

ミヤマホオジロ（深山頬白）の名は、かつてこの鳥は日本の高山に棲み、冬になると平地に降りてくると考えられ、深山に棲む頬白とつけられました。しかし、この鳥は日本

写真① 黄色と黒のコントラストが美しいミヤマホオジロの雄

写真② 色の華やかさはないが、気品のあるミヤマホオジロの雌

で繁殖する鳥ではなく、朝鮮半島から中国、ロシア沿岸部で繁殖し、冬に大陸から日本に渡ってくる冬鳥です。西日本では比較的よく見られる鳥ですが、長野県を含む東日本では数が少ない鳥です。姿が美しいことから江戸時代には飼い

鳥として好まれた鳥です。

餌場には同じEmberiza属で同じく冬鳥のカシラダカ（頭高）もよく訪れます。カシラダカは、同様に頭の羽を立てることがこの鳥の名の由来となりました。ミヤマホオジロの雌とカシラダカは、よく見ないと区別がつかないほど似ています。カシラダカの方は、開けた環境を好み、時には大群となるのに対し、ミヤマホオジロは林縁部など開けた林を好み、数羽の小群で生活する鳥です。

心を癒す野鳥観察

野鳥の多くは、見た目がきれいでかわいらしく、繁殖期にはきれいな声でさえずります。犬や猫など人に身近なペットと同様、身近にいる野鳥は人の心を癒してくれる存在です。かつて日本では、野鳥を飼って姿や鳴き声を楽しむ文化があり、花鳥画に代表される鳥を描く文化がありました。しかし、現在では保護のため、野鳥を捕獲し飼育することは禁止され、野鳥はかつてのように身近な存在ではなくなりました。ですが、身近な野鳥に対する関心がいっそう高まり、新しい時代に合った野鳥を観察して楽しむ文化が日本に育ってゆくことを願っています。

果実を求めて放浪する鳥　レンジャク

晩秋の森を訪れる冬鳥たち

10月中旬、戸隠の森は紅葉の最盛期を迎えます。戸隠の「野鳥の森」で春から夏を過ごしたキビタキ、コルリなど多くの夏鳥は、この紅葉の時期までには戸隠の森を離れ、南に旅立ちます。霜がおり紅葉が終わる10月下旬には、夏鳥と入れ替わるように、北から冬鳥が戸隠の森を訪れます。アトリ、マヒワ、ツグミなど、遠くシベリアやカムチャッカ半島で繁殖し、日本で冬を過ごす鳥たちです。

紅葉の時期には、森の多くの木が実をつけます。中でも、ナナカマド、マユミ、ズミ、キハダなどは、赤や黄色、黒といった鳥に目立つ色の実をつけ、冬鳥の訪れを待ちます。冬鳥に実を食べてもらい、中の種子を糞と一緒に散布してもらうためです。秋に色鮮やかな実をつけたこれらの木は、訪れた冬鳥に食べ物を提供し、その見返りとして鳥に種子を散布してもらっているのです。

葉を落とし明るさを取り戻した晩秋の森は、根雪となるまでの約1か月間、再び鳥の観察に適した時期を迎えます。よく晴れた小春日和の日、森を散策すると、訪れたばかりの冬鳥のほか、冬も森に留まるカラ類やキツツキ類をじっくり観察できます。

果実食に適応した鳥　レンジャク

晩秋に北から日本列島を訪れる冬鳥の中にレンジャクがいます。レンジャクとは、姿がよく似たキレンジャク、ヒレンジャク、ヒメレンジャクの3種類を合わせたレンジャク属の鳥の呼び名です。キレンジャクは、北アメリカとユーラシア大陸の北部で広く繁殖するのに対し、ヒレンジャクはユーラシア大陸の東の端、アムール川流域でのみ繁殖します。やや体の小さいヒメレンジャクの繁殖地は、北アメリカ北部です。3種ともに亜寒帯の針葉樹林で繁殖し、冬には南に移動します。

日本で見られるレンジャクは、冬に渡来するキレンジャクとヒレンジャクの2種類です。ともに雌雄ほぼ同色で、全体的に赤紫がかった淡褐色をしています。よく似ていますが、両者は、尾の先が黄色か、赤いかによって見分けられます（写真①）。両種は群れで生活し、2種が混じって群れることもよくあります。レンジャクの名は、群れで木の梢や電線にとまる姿がスズメに似ていることから、連なる雀「連雀」の意味です。それに対し英名は、「ワックスウィング」(Waxwing)です。翼の次列風切り羽の先端に、赤いロウのようなしずく状の塊があることに由来します（口絵写真13、写真②）。しかし、この赤いしずくは単に飾なのか、あるいは特別な機能をもつかについては、まだよくわかっていません。

このレンジャクの仲間の鳥に共通した特徴は、果実食であることです。繁殖期には昆虫を食べ、昆虫で雛を育てますが、冬には著しく果実食に特化した生活をしています。山地でナナカマドやヤドリギの実を好んで食べるほか、庭木のピラカンサ、収穫されなかったカキや落ちリンゴも好んで食べます。

レンジャクとヤドリギの不思議な関係

渡来当初、特に好んで食べるのがヤドリギの実です。落葉した森を散策していると、ミズナラやシラカバの木の枝に、緑色をした丸いかたまりをよく見かけます。これがヤドリギで、木の枝にくい込んだ寄生根から栄養分や水分を得て生活する寄生植物です。ヤドリギは、レンジャクが日本に渡ってくるのを待つかのように、秋の終わりから冬に実をつ

写真① 落ちリンゴを食べるヒレンジャク（左）とキレンジャク（右）

写真② 枝にとまるキレンジャク。翼に赤いロウ状のもの4個がついている

けます。ヤドリギの実は粘りが強く、この実を食べた鳥は粘りのある糞をします。その糞が木の枝に付着すると、中に含まれていたヤドリギの種子がその場で寄生根を出し、新たな寄生が始まります。

ヤドリギにとってレンジャクは、種子を分散し新たな寄生を可能にしてくれます。そうすることはレンジャクにとっては、数年後にまた日本に渡ってきた時の餌の確保につながります。ヤドリギとレンジャクは、長い年月をかけて持ちつ持たれつの関係を進化させてきました。

果実食ゆえの放浪生活

日本では、キレンジャク、ヒレンジャクともに秋の終わりの11月から春の5月にかけて観察されます。渡来した当初は山地で過ごしますが、山で果実を食べつくした年明の頃からは、果樹園の他、集落、時には市街地といった人の生活圏にも姿を見せます。収穫されなかったカキや落ちリンゴ、家の庭や市街地の植え込みでピラカンサなどの実を食べに、時には百羽をこえる大群で突然現れ、食べつくすと姿を消します。

果実を求めて群れで放浪し、いつどこに大群で現れるか予測できない神出鬼没の鳥です。ライチョウ調査で5月に北アルプスの焼岳を訪れた折、雪の下から顔を出したコケモモの実に50羽ほどのレンジャクが群がっているのに遭遇し、驚いたことがあります。果実が一年中次々に実る熱帯とは異なり、温帯にあたる日本で冬を過ごすレンジャクは、秋に実った果実を探し、広く放浪せざるを得ないのです。それゆえに、レンジャクは果実のある場所を集団で見つけ出す、優れた能力をもっているのでしょう。

近年は、市街地に果実を求めて群れで出没し、悲劇も起きています。山地と異なり、市街地では人や車が絶えず通ります。植え込みでピラカンサに群がったレンジャクは、すごい速さで次々に実を丸ごと飲み込み、人や車が通るたびにワッと一斉に飛び立って、近くの電線に逃げます。この時、実を喉に詰まらせ呼吸ができなくなり、人の見ている前で電線から次々落ち、大量死することが時々起きています。

日本が広く森で覆われていた縄文時代以前には、今よりももっと多くのレンジャクが大陸から日本列島に渡って来たのでしょう。その頃には、春先まで森で果実を食べ、森の鳥でいることができました。しかし、その後稲作文化の到来により平地の森は伐採され、現在の里の開けた環境が広がり、里山の森もかつてのように豊かな森ではなくなりました。その結果、レンジャクにとって秋に実った森の果実だけでは生活できなくなり、里、さらには市街地にも果実を求め侵出するようになったのでしょう。人間と鳥との関係は、長い目で見ると大きく変わってきていることが想像されます。

10章

外来の鳥

中国から入り最近分布を広げるガビチョウ

もともと日本にはいなかった鳥で、外国から入ってきて日本で繁殖するようになった鳥が外来の鳥です。古くは、平安時代に日本に持ち込まれたカワラバト（ドバト）がいます。大正から昭和の初めに狩猟用に持ち込まれたコジュケイのほか、現在計43種が外来種・亜種として2012年に改訂された日本鳥類目録に記載されています。そのうち自然環境に被害を及ぼす又はその可能性のあるものは「外来生物法」により「特定外来種」に指定されています。鳥類では、その代表が最近全国各地の低山の森に侵入し分布を広げているガビチョウです。

特定外来鳥　ガビチョウ

ガビチョウ

人が持ち込むことによって、本来の生息地以外の場所で野生化し繁殖するようになった鳥が外来鳥です。これまで日本では60種ほどが記録されていますが、そのほとんどは外国から入ってきたものです。

中でもガビチョウは、最近日本で急速に分布を広げている外来鳥です。本来は、中国南部から東南アジア北部に分布する鳥で、日本にペットとして輸入されたものが野生化し、現在東北南部、関東、中部地方、九州北部に生息しています。里山など人家に近い場所の雑木林に棲み、藪の中に巣をつくり繁殖します。

体長23cmほどで、体全体が茶褐色をしており、目の周りとその後方に伸びた特徴的な白い模様を持つ鳥です（写真①）。名の由来は、中国名の画眉（がび）からきています。日本に生息

写真① 笹藪の中のガビチョウ

しないチメドリ科の鳥で、繁殖期には大きな声でさえずるのが特徴です。中国では一般的な飼い鳥で、さえずりを楽しむ「鳴き合わせ会」も開かれているとのことです。しかし、日本では声が大きすぎ、また繊細でないことから人気がなくなったこと、また売れなくなったことから業者により多数が放鳥されたことが外来鳥となった原因と言われています。

このガビチョウが長野市郊外の千曲川で見られるようになったのは、10年ほど前のことです。それが、現在では生息数が急増し、河川敷内の笹藪がある場所には必ずと言ってよいほど生息しており、千曲川に棲む鳥の中では優占種にまでなりました。4月から6月の繁殖時期に大声でさえずっている聞きなれない鳥がいたら、ガビチョウと判断してほぼ間違いありません。

今年（2019）の春、千曲川でガビチョウを調査する機会がありました。計5つの巣を見つけましたが、すべて笹藪につくられていました（口絵写真15、写真②）。鮮やかな空色をした卵を4ないし5個産みます。卵は雌が温め、孵化した雛には雌雄で餌を運んで育てていました。5巣のうち4巣で雛を巣立たせたことから、繁殖力はかなり旺盛のようです。

なぜ、これほど増えたのか？

ガビチョウは、なぜこれほど急速に日本で数を増やし、分布を広げることができたのでしょうか。千曲川での調査から、この鳥は森の中の藪の多い場所に棲み、地上で採食する鳥であることがわかりました。木の高いところでさえずっている時には大変目立つのですが、藪の中で行動する時には声を出さないので、行動を連続して観察することが難しい鳥でした。藪の中で忍者のように行動し、突然思わぬ場所から飛び出すこともしばしばありました。

巣の近くに設置したブラインドに隠れての観察から、巣にいる雛にガビチョウの親が運

写真② 笹藪の中の巣で子育てするガビチョウ

んできた餌は、ミミズ、ナメクジ、地上性の甲虫類などでした。餌の調査からも藪の中の地上で採食する鳥であることが確認されました。

同じ千曲川の笹藪には、ウグイスが以前から繁殖していたのですが、新参のガビチョウとの間には、餌や棲み場所をめぐって争う関係にはないようです。両者は餌を捕る場所や餌内容が違っており、巣を造る場所も違っているからです。

ですので、日本でガビチョウがこれほど急速に増えたのは、中国大陸でこの鳥が生息していた環境が日本の里山の森にも広く存在していたこと、また同じような場所に棲み同じものを餌とする鳥が日本にいなかったことが、その理由という結論に至りました。別の言い方をしたら、日本の鳥が利用していなかった空いた生態的地位をガビチョウがうまく占めることができたからのようです。

帰化に成功する鳥は少数

日本には、古くから多くの外国の鳥が愛玩用として、またニワトリなどの家禽として持ち込まれてきました。しかし、ガビチョウのように野生化に成功した鳥はごく少数の鳥に限られます。日本に帰化することに成功した鳥は、古くはドバト、コジュケイなど限られた種類の鳥です。千曲川では、50年ほど前にベニスズメ、ヘキチョウが一時的に数を増やしましたが、今は全く見られなくなりました。気候や生息環境が合わなかったからのようです。ガビチョウは、あまりにも急速に分布を広げたため、国の外来生物法で特定外来生物に指定されました。この鳥が今後も増え続け分布を広げてゆくのか、ある程度増えた後は収束に向かうのかが今後注目されます。

懸念される在来種や生態系への影響

外来鳥がふえたことで、日本にもともといた在来の鳥が著しく影響を受けたという例は、幸いなことに今のところありません。しかし、魚類や哺乳類では著しく影響を受けている例が知られています。千曲川の中流域では、ここ15年ほどの間に北米原産のコクチバスが急増し、現在ではこの地域に生息する魚の重さにして8割をコクチバスが占めるに至りました。その結果、もともといた在来魚が激減し、この地域の春の風物詩であったつけば漁（ウグイ漁）、夏の風物詩であったアユ釣りが壊滅的な被害を受けています。

今のところ日本では外来鳥による著しい影響はみられないといっても、いなかった鳥が新たに棲み着くことで、その地域に棲む在来の鳥やそのほかの生物、さらにはその地域の生態系に大なり小なりの影響を与えることになります。いずれの生物も長い進化の歴史を通して地球上の限られた地域に分布し、それぞれの地域に棲むのに適した適応を確立しています。

長い進化の歴史を通して確立されてきた生物の分布を人間が勝手に変えてしまうことは、さまざまな問題を引き起こすことになり、人間にとっての住みやすい環境を悪化させ、場合によっては生存を脅かすことにもなりかねません。

可愛いからと言って外来の生物を飼育し、手に負えなくなって野生に放してしまうことが、私たちの生活に多大な影響を与える可能性があることを、これまでの外来生物の例から謙虚に学ぶことが必要に思います。

おわりに

月刊新聞のＭＯＲＧＥＮ（モルゲン）に連載した計31の森に棲む鳥に関するエッセイを一冊の本にまとめ、ここに出版することができました。私がこの連載を担当することになったのは、以前から同新聞に連載をされていた東京大学名誉教授の月尾嘉男先生からの紹介でした。先生とは、先生が塾長をされている「白馬仰山塾」で20年ほど前に知り合い、その後は「生命地域妙高環境会議」等でご一緒する機会が何度かありました。連載の機会を与えて戴いた月尾先生とモルゲンを発行されている（株）遊行社の方にまずお礼を申し上げます。

今回の連載にあたっては遊行社モルゲン編集部の本間千枝子さんと遠藤法子さんお二人には、原稿の校正作業やレイアウトをしていただき、大変お世話になりました。また、お二人には、今回の単行本の出版にあたっても本の体裁等についてご検討いただき、レイアウトについてもお願いすることになりました。さらに、イラストレーター、浅見麻耶さんには、この本に関係した鳥のイラストを描いていただきました。これらの方に心からお礼申し上げます。
野鳥観察の楽しみは、鳥の種類を野外で識別出来るようになることにとどまらず、それぞれの鳥の生活を知ることを通しより深い面白みが得られることにあると思います。本書が、野鳥にふれることを通して多くの皆様の生活をより豊かにするのに少しでも役立てば幸いです。

2021年8月31日　飯綱山の麓にある自宅にて

中村　浩志

［主要参考文献］

（より詳しく鳥について知って頂くために）

佐野昌男　『わたしのスズメ研究』　さ・え・ら書房　二〇〇五年

中村浩志編著　『戸隠の自然』　信濃毎日新聞社　一九九一年

中村浩志編著　『歩こう神秘の森戸隠』　信濃毎日新聞社　二〇一一年

中村浩志　『甦れ、ブッポウソウ』　山と渓谷社　二〇〇四年

中村浩志・田畑孝弘　なぜ、ブッポウソウは巣に奇妙な物を運ぶのか　日本鳥学会誌36巻4号　一九八八年

中村浩志・田畑孝弘　ブッポウソウの雛の食物　日本鳥学会誌38巻3号　一九九〇年

羽田健三監修　『野鳥の生活』　築地書館　一九七五年

羽田健三監修　『続野鳥の生活』　築地書館　一九七六年

羽田健三監修　『続々野鳥の生活』　築地書館　一九八五年

中村浩志　なかむら ひろし

1947 年長野県生まれ。

信州大学教育学部卒業。

京都大学大学院博士課程修了。

理学博士。

信州大学教育学部助手、助教授を経て 1992 年より教授。専門は鳥類生態学。主な研究はカッコウの生態と進化に関する研究、ライチョウの生態に関する研究など。日本鳥学会元会長。2012 年に信州大学を退職。名誉教授。現在は一般財団法人中村浩志国際鳥類研究所 代表理事。2021年には「第 75 回（公財）日本鳥類保護連盟常陸宮総裁賞」及び「第 7 回安藤忠雄文化財団賞」を受賞。著書に『甦れ、ブッポウソウ』（山と渓谷社）、『雷鳥が語りかけるもの』（山と渓谷社）、ライチョウを絶滅から守る』（共著・しなのき書房）など。

野鳥の生活
－森に棲む鳥－

2021年10月10日　初版第 1 刷発行

著　者　中村　浩志
発行者　本間　千枝子
挿　画　浅見　麻耶
発行所　株式会社遊行社

〒191-0043 東京都日野市平山1-8-7
TEL　042-593-3554
FAX　042-502-9666
http://yugyosha.web.fc2.com/

印刷・製本　北日本印刷株式会社

ISBN978-4-902443-59-2